大学物理单元测试集

烟台大学光电信息学院大学物理教研室　编著

清华大学出版社

北京

内 容 简 介

本测试集是以张三慧《大学基础物理学》第二版内容为主教材编写的,含力学单元、热学单元、静电学单元、电磁学单元、振动与波单元、波动光学单元和近代物理单元,其中近代物理单元含狭义相对论和量子力学基础。本测试集面向高等院校学习物理课程的理工科学生,严格按照大纲的要求把握其深难度,强调习题的基础性。测试集每一单元都采用标准化考试题型编写,含选择题、填空题、计算题三种形式,内容上涵盖了大纲所要求的各知识点,并配有参考答案,可供学生学习、复习和自主检测之用。

图书在版编目(CIP)数据

大学物理单元测试集 / 烟台大学光电信息学院大学物理教研室编著. —北京:清华大学出版社,2012.9(2023.12重印)

ISBN 978-7-302-30103-5

Ⅰ. ①大…　Ⅱ. ①烟…　Ⅲ. ①物理学－高等学校－习题集　Ⅳ. ①O4-44

中国版本图书馆 CIP 数据核字(2012)第 217786 号

责任编辑:邹开颜　赵从棉
封面设计:常雪影
责任校对:刘玉霞
责任印制:曹婉颖

出版发行:清华大学出版社
　　　　网　　　址:https://www.tup.com.cn, https://www.wqxuetang.com
　　　　地　　　址:北京清华大学学研大厦 A 座　　　　邮　　编:100084
　　　　社 总 机:010-83470000　　　　　　　　　　邮　　购:010-62786544
　　　　投稿与读者服务:010-62776969, c-service@tup.tsinghua.edu.cn
　　　　质量反馈:010-62772015, zhiliang@tup.tsinghua.edu.cn
印 装 者:三河市君旺印务有限公司
经　　销:全国新华书店
开　　本:185mm×260mm　　　印　张:10　　　字　数:239 千字
版　　次:2012 年 9 月第 1 版　　　　　　　印　次:2023 年 12 月第 17 次印刷
定　　价:28.00 元

产品编号:044994-05

前　言

　　大学物理是大学阶段一门重要的必修基础课,它将在高中物理的基础上进一步提高学生的现代科学素质。同时,大学物理课程在培养学生的科学思想、方法和态度并引发学生创新意识和能力等方面,具有其他课程不能替代的重要作用。大学物理课程包括课堂授课、作业、实验课等几个不可或缺的环节。大学物理要在短时间内讲授大量的物理知识,课堂主要以老师的讲解为主,例题也更关注物理过程的分析、定律的应用,而不是具体的计算过程。所以在大学物理的学习中要求学生具有很强的自学能力,课后需花时间研读教材,做相关的练习。为此我们编写了本测试集,旨在帮助学生更好地掌握物理概念和深入理解课堂学到的理论知识,同时培养学生分析问题和解决问题的能力,以利于从各个侧面考核学生掌握知识的程度和能力水平,同时也为学生作业提供了较好的形式。

　　本测试集是以张三慧编写的《大学基础物理学》(第二版)为主教材,结合多年的实际教学经验,精心选编的适合学生的物理课外练习题。本测试集面向高等院校学习物理课程的理工科学生,严格按照大纲的要求把握其深度和难度,强调习题的基础性。题型上包括选择题、填空题、计算题三大类型;内容上涵盖力学、热学、静电学、电磁学、振动与波、波动光学、近代物理七个单元。其中热学和近代物理单元各含两个单元测试,其余单元各含有三个单元测试。每一单元测试都相当于一份标准化考试试卷,每道题均留有答题的空位,学生可以直接在上面解答,每一单元后面都附有详细答案,便于学生进行自我练习自我检测。

　　本测试集力学单元由王新宇、杨咏东老师编写;热学单元由郭洪英、徐大印老师编写;静电学单元由赵艳、姜虹老师编写;电磁学单元由宁俊生、于文英、兰瑞君老师编写;振动与波单元由高书霞、张晶莹老师编写;波动光学单元由王建华、华娟老师编写;近代物理单元由韩晓芳、梁芳营老师编写。全书由杨咏东、王建华老师负责统稿。

　　本测试集经过几届学生试用，多次修改，正式出版。由于水平有限，书中错误和不足之处在所难免，因此，我们真诚希望各位老师、学生及广大读者提出宝贵的意见，以便进一步完善。

烟台大学光电信息学院大学物理教研室
2012 年 7 月

目 录

力 学

常 用 公 式

1. 质点运动学

速度和加速度 $v=\dfrac{\mathrm{d}r}{\mathrm{d}t}$, $a=\dfrac{\mathrm{d}v}{\mathrm{d}t}=\dfrac{\mathrm{d}^2r}{\mathrm{d}t^2}$

匀加速运动 $v=v_0+at$, $r=r_0+v_0t+\dfrac{1}{2}at^2$

匀加速直线运动 $v=v_0+at$, $x=v_0t+\dfrac{1}{2}at^2$, $v^2-v_0^2=2ax$

抛体运动 $a_x=0$, $a_y=-g$, $v_x=v_0\cos\theta$, $v_y=v_0\sin\theta-gt$,

$\qquad x=v_0\cos\theta\cdot t$, $y=v_0\sin\theta\cdot t-\dfrac{1}{2}gt^2$

圆周运动 $\omega=\mathrm{d}\theta/\mathrm{d}t=v/R$, $\alpha=\mathrm{d}\omega/\mathrm{d}t$, $a=a_n+a_t$, $a_n=v^2/R=R\omega^2$, $a_t=\mathrm{d}v/\mathrm{d}t=R\alpha$
伽利略速度变换 $v=v'+u$

2. 牛顿运动定律

$$F=\mathrm{d}p/\mathrm{d}t, \quad p=mv, \quad F=ma$$

流体阻力 $f_d=\dfrac{1}{2}C\rho Av^2$, 惯性力 $F_i=-ma_0$, 惯性离心力 $F_i=m\omega^2r$

3. 动量与角动量

动量定理 $F\mathrm{d}t=\mathrm{d}p$, $p=mv$; 质心位矢 $r_C=\dfrac{\sum\limits_i m_ir_i}{m}$, $r_C=\dfrac{\int r\mathrm{d}m}{m}$; 质心运动定理 $F=ma_C$

力矩 $M=r\times F$, 质点的角动量 $L=r\times p=r\times mv$, 角动量定理 $M_{ext}=\mathrm{d}L/\mathrm{d}t$

4. 功和能

$$\mathrm{d}A=F\cdot\mathrm{d}r, \quad A_{AB}=\int_A^B F\cdot\mathrm{d}r$$

动能定理

质点: $A_{AB}=\dfrac{1}{2}mv_B^2-\dfrac{1}{2}mv_A^2$

质点系：$A_{ext} + A_{int} = E_{kB} - E_{kA}$

重力势能 $E_p = mgh$，弹性势能 $E_p = \dfrac{1}{2}kx^2$，引力势能 $E_p = -\dfrac{Gm_1m_2}{r}$

5. 刚体的定轴转动

匀加速转动：$\omega = \omega_0 + \alpha t$，$\theta = \omega_0 t + \dfrac{1}{2}\alpha t^2$，$\omega^2 - \omega_0^2 = 2\alpha\theta$

力矩的功 $A = \displaystyle\int_{\theta_1}^{\theta_2} M\mathrm{d}\theta$，转动动能 $E_k = \dfrac{1}{2}J\omega^2$，刚体的重力势能 $E_p = mgh_C$

转动惯量 $J = \displaystyle\sum_i m_i r_i^2$，$J = \displaystyle\int r^2 \mathrm{d}m$，转动定律 $M = J\alpha = \mathrm{d}L/\mathrm{d}t$

平行轴定理 $J = J_C + md^2$

单元测试（一）

一、选择题（共 30 分，每小题 3 分）

1. 质点作曲线运动，r 表示位置矢量，s 表示路程，a_t 表示切向加速度，下列表达式中（　　）。

(1) $\dfrac{\mathrm{d}v}{\mathrm{d}t} = a$　　　　(2) $\dfrac{\mathrm{d}r}{\mathrm{d}t} = v$　　　　(3) $\dfrac{\mathrm{d}s}{\mathrm{d}t} = v$　　　　(4) $\left|\dfrac{\mathrm{d}\boldsymbol{v}}{\mathrm{d}t}\right| = a_t$

　　(A) 只有(1)、(2)是对的　　　　　　(B) 只有(2)、(4)是对的
　　(C) 只有(2)是对的　　　　　　　　(D) 只有(3)是对的

2. 在两个质点组成的系统中，若质点之间只有万有引力作用，且此系统所受外力的矢量和为零，则此系统（　　）。

　　(A) 动量和机械能一定都守恒　　　　(B) 动量一定守恒，机械能不一定守恒
　　(C) 动量不一定守恒，机械能一定守恒　(D) 动量与机械能一定都不守恒

3. 对功的概念有以下几种说法：
(1) 保守力做正功时，系统内相应的势能增加；
(2) 质点运动经一闭合路径，保守力对质点做的功为零；
(3) 作用力和反作用力大小相等、方向相反，所以两者所做功的代数和必为零。
正确的是（　　）。

　　(A) (1)、(2)是正确的　　　　　　　(B) (2)、(3)是正确的
　　(C) 只有(2)是正确的　　　　　　　(D) 只有(3)是正确的

4. 如图 1-1-1 所示，有三辆质量均为 m 的车厢 a、b、c，被车头牵引着在轨道上作无摩擦的直线运动。若已知车厢 c 受到的牵引力为 $\boldsymbol{F}$，则车厢 b 受到的合力为（　　）。

　　(A) 0
　　(B) $F/3$
　　(C) $F/2$
　　(D) F

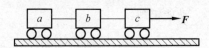

图　1-1-1

5. 图 1-1-2 所示系统置于以加速度 $a=\dfrac{1}{3}g$ 上升的升降机内, A、B 两物体质量相同,均为 m, A 所在的桌面是水平的,绳子和定滑轮质量均不计。若忽略滑轮轴上和桌面上的摩擦并不计空气阻力,则绳中张力为( )。

(A) mg (B) $\dfrac{1}{2}mg$ (C) $\dfrac{3}{4}mg$ (D) $\dfrac{2}{3}mg$

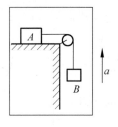

图 1-1-2

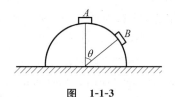

图 1-1-3

6. 质点的质量为 m,置于光滑球面的顶点 A 处(球面固定不动),如图 1-1-3 所示。当它由静止开始下滑到球面上 B 点时,它的加速度的大小为( )。

(A) $a=2g(1-\cos\theta)$

(B) $a=g\sin\theta$

(C) $a=g$

(D) $a=\sqrt{4g^2(1-\cos\theta)^2+g^2\sin^2\theta}$

7. 在相对地面静止的坐标系内, A、B 两船都以 $2\mathrm{m/s}$ 的速率匀速行驶, A 船沿 x 轴正向, B 船沿 y 轴正向。今在 A 船上设置与静止坐标系方向相同的坐标系(x、y 方向单位矢量用 i、j 表示),那么从 A 船看 B 船它相对 A 船的速度(以 m/s 为单位)为( )。

(A) $2i+2j$ (B) $-2i+2j$ (C) $-2i-2j$ (D) $2i-2j$

8. 关于力矩有以下几种说法:

(1) 对某个定轴转动刚体而言,内力矩不会改变刚体的角加速度;

(2) 一对作用力和反作用力对同一轴的力矩之和必为零;

(3) 质量相等、形状和大小不同的两个刚体,在相同力矩的作用下,它们的运动状态一定相同。

对于上述说法,下述判断正确的是( )。

(A) 只有(2)是正确的 (B) (1)、(2)是正确的

(C) (2)、(3)是正确的 (D) (1)、(2)、(3)都是正确的

9. 如图 1-1-4 所示, A、B 为两个相同的、绕着轻绳的定滑轮。 A 滑轮挂一质量为 M 的物体, B 滑轮受拉力 F,而且 $F=Mg$。设 A、B 两滑轮的角加速度分别为 β_A 和 β_B,不计滑轮轴的摩擦,则有( )。

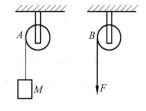

图 1-1-4

(A) $\beta_A=\beta_B$

(B) $\beta_A>\beta_B$

(C) $\beta_A<\beta_B$

(D) 开始时 $\beta_A=\beta_B$,以后 $\beta_A<\beta_B$

10. 一个半径为 R 的水平圆盘恒以角速度 ω 作匀速转动,一质量为 m 的人要从圆盘边缘走到圆盘中心处,圆盘对他所做的功为( )。

(A) $-\dfrac{1}{2}mR^2\omega^2$　　　　(B) $-mR\omega^2$　　　(C) $\dfrac{1}{2}mR^2\omega^2$　　　　(D) $mR\omega^2$

二、填空题（共 30 分，每小题 3 分）

11. 试说明质点作何种运动时，将出现下述各种情况（$v\neq0$）：

(1) $a_t\neq0,a_n\neq0$：_____。

(2) $a_t\neq0,a_n=0$：_____。（a_t、a_n 分别表示切向加速度和法向加速度。）

12. 如图 1-1-5 所示，小球沿固定的、光滑的 1/4 圆弧，从 A 点由静止开始下滑，圆弧半径为 R，则小球在 A 点处的切向加速度大小 $a_t=$_____，小球在 B 点处的法向加速度大小 $a_n=$_____。

13. 一质量 $m=50\mathrm{g}$，以速率 $v=20\mathrm{m/s}$ 作匀速圆周运动的小球，在 1/4 周期内向心力加给它的冲量的大小是_____。

14. 一质量为 10kg 的物体沿 x 轴无摩擦地运动，设 $t=0$ 时，物体位于原点，速度为零。如果物体在作用力 $F=3+4t(\mathrm{N})$ 的作用下运动了 3s，它的加速度 $a=$_____，速度 $v=$_____。

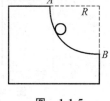

图 1-1-5

15. 如图 1-1-6 所示，在光滑水平桌面上，有两个物体 A 和 B 紧靠在一起。$m_A=2\mathrm{kg}$，$m_B=1\mathrm{kg}$。今用一水平力 $F=3\mathrm{N}$ 推物体 B，则 B 推 A 的力等于_____。如用同样大小的水平力从右边推 A，则 A 推 B 的力等于_____。

16. 某质点在力 $\boldsymbol{F}=(4+5x)\boldsymbol{i}(\mathrm{SI})$ 的作用下沿 x 轴作直线运动，在从 $x=0$ 移动到 $x=10\mathrm{m}$ 的过程中，力 $\boldsymbol{F}$ 所做的功为_____。

17. 如图 1-1-7 所示，一根劲度系数为 k_1 的轻弹簧 A 的下端挂一根劲度系数为 k_2 的轻弹簧 B，B 的下端又挂一重物 C，C 的质量为 m，则这一系统静止时弹簧的伸长量之比为_____，弹性势能之比为_____。

18. 光滑水平面上有一轻弹簧，劲度系数为 k。弹簧一端固定在 O 点，另一端拴一个质量为 m 的物体。弹簧初始时处于自由伸长状态，若此时给物体 m 一个垂直于弹簧的初速度 $\boldsymbol{v}_0$，如图 1-1-8 所示，则当物体速率为 $\dfrac{1}{3}v_0$ 时弹簧对物体的拉力 $f=$_____。

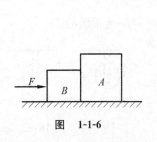

图 1-1-6

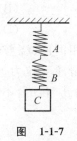

图 1-1-7

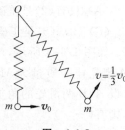

图 1-1-8

19. 一飞轮初始角速度为 ω_1，在安全装置的驱动下旋转一周静止。若飞轮以相同的角加速度作匀减速运动，从角速度 $\omega=3\omega_1$ 开始，一共转_____周才能停止转动。

20. 光滑的水平桌面上有一长 $2l$、质量为 m 的均质细杆，可绕通过其中点、垂直于杆的竖直轴自由转动。开始时杆静止在桌面上，有一质量为 m 的小球沿桌面以速度 v 垂直射向杆一端,与杆发生完全非弹性碰撞后,粘在杆端与杆一起转动,那么碰撞后系统的角速度 $\omega=$ _____。

三、计算题(共 **40** 分)

21.(本题 5 分)

质量为 M 的大木块具有半径为 R 的 1/4 弧形槽,如图 1-1-9 所示。质量为 m 的小立方体从曲面的顶端滑下,大木块放在光滑水平面上,二者都从静止开始,作无摩擦的运动,求小木块脱离大木块时的速度。

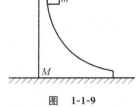

图 1-1-9

22.(本题 5 分)

一滑轮如图 1-1-10 所示,滑轮和绳子的质量均不计,滑轮与绳间的摩擦力以及滑轮与轴间的摩擦力均不计,且 $m_1 > m_2$。若将此装置置于电梯顶部,当电梯以加速度 a 相对地面向上运动时,求两物体相对电梯的加速度和绳的张力。

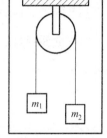

图 1-1-10

23.(本题 10 分)

如图 1-1-11 所示,物体 1 和 2 的质量分别为 m_1 与 m_2,滑轮的转动惯量为 J,半径为 r。

(1)如物体 2 与桌面间的摩擦系数为 μ,求系统的加速度 a 及绳中的张力 T_1 和 T_2。

(2)如物体 2 与桌面间为光滑接触,求系统的加速度 a 及绳中的张力 T_1 和 T_2。(设绳子与滑轮间无相对滑动,滑轮与转轴无摩擦。)

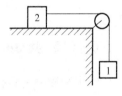

图 1-1-11

24.（本题 10 分）

如图 1-1-12 所示,在与水平面成 α 角的光滑斜面上放一质量为 m 的物体,此物体系于一劲度系数为 k 的轻弹簧的一端,弹簧的另一端固定。设物体最初静止。今使物体获得一沿斜面向下的速度,设起始动能为 E_{k0},试求物体在弹簧的伸长达到 x 时的动能。

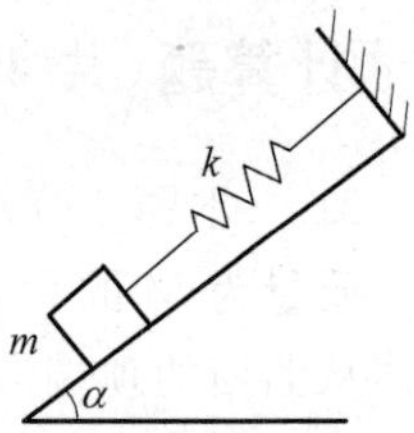

图　1-1-12

25.（本题 10 分）

在半径为 R 的、具有光滑竖直固定中心轴的水平圆盘上,有一人静止站立在距转轴为 $\frac{1}{2}R$ 处,人的质量是圆盘质量的 1/10。开始时盘载人对地以角速度 ω_0 匀速转动,现在此人垂直圆盘半径相对于盘以速率 v 沿与盘转动相反方向作圆周运动,如图 1-1-13 所示。已知圆盘对中心轴的转动惯量为 $\frac{1}{2}MR^2$,求：

（1）圆盘对地的角速度；

（2）欲使圆盘对地静止,人应沿着 $\frac{1}{2}R$ 圆周对圆盘的速度 v 的大小及方向。

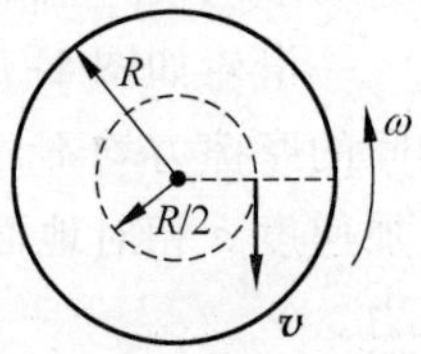

图　1-1-13

单元测试（二）

一、选择题（共 30 分,每小题 3 分）

1. 下列哪一种说法是错误的?（　　）

（A）物体具有恒定速率但仍有变化的速度

（B）物体具有恒定的速度但仍有变化的速率

（C）物体具有加速度而其速度可以为零

（D）物体可以具有向东的加速度同时又具有向西的速度

2. 已知水星的半径是地球半径的 0.4 倍,质量为地球的 0.04 倍。设在地球上的重力加速度为 g,则水星表面上的重力加速度为（　　）。

　　　（A）$0.1g$　　　　　　（B）$0.25g$　　　　　　（C）$4g$　　　　　　（D）$2.5g$

3. 质量为 20g 的子弹,以 400m/s 的速度沿图 1-2-1 所示方向射入一原来静止的质量为 980g 的摆球中,摆线长度不可伸缩。子弹射入后与摆球一起运动的速度为(　　)。

(A) 4m/s　　　(B) 8m/s　　　(C) 2m/s　　　(D) 7m/s

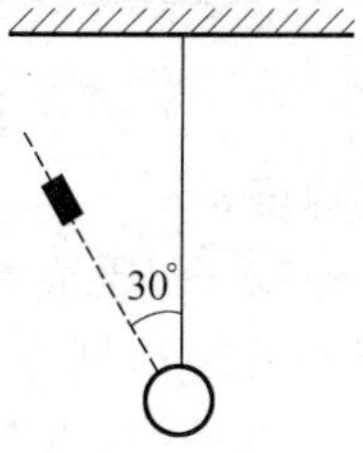

4. 一质量为 m 的质点,自半径为 R 的光滑半球形碗口由静止下滑,质点在碗内某处的速率为 v,则质点对该处的压力数值为(　　)。

(A) $\dfrac{mv^2}{R}$　　　(B) $\dfrac{3mv^2}{2R}$　　　(C) $\dfrac{2mv^2}{R}$　　　(D) $\dfrac{5mv^2}{2R}$

图 1-2-1

5. 某人骑自行车以速率 v 向正西方行驶,遇到由北向南刮的风(设风速大小也为 v),则骑车人感觉风是来自于(　　)。

(A)东北方向　　　(B)东南方向　　　(C)西北方向　　　(D)西南方向

6. 一子弹以水平速度 v_0 射入一静止于光滑水平面上的木块后随木块一起运动。对于这一过程正确的分析是(　　)。

(A) 子弹、木块组成的系统机械能守恒

(B) 子弹、木块组成的系统水平方向的动量守恒

(C) 子弹所受的冲量等于木块所受的冲量

(D) 子弹动能的减少等于木块动能的增加

7. 一质点受力 $\boldsymbol{F}=3x^2\boldsymbol{i}(\mathrm{N})$,沿 x 轴正向运动,在 $x=0$ 到 $x=2\mathrm{m}$ 的过程中,力 F 做功为(　　)。

(A) 8J　　　(B) 12J　　　(C) 16J　　　(D) 24J

8. 均匀细棒 OA 可绕通过其一端 O 而与棒垂直的水平固定光滑轴转动,如图 1-2-2 所示。今使棒从水平位置由静止开始自由下落,在棒摆动到竖立位置的过程中,下述说法正确的为(　　)。

(A) 角速度从小到大,角加速度从大到小

(B) 角速度从小到大,角加速度从小到大

(C) 角速度从大到小,角加速度从大到小

(D) 角速度从大到小,角加速度从小到大

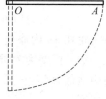

图 1-2-2

9. 花样滑冰运动员绕自身的竖直轴转动,开始时臂伸开,转动惯量为 J_0,角速度为 ω_0,然后她将两臂收回,使转动惯量减少为 $J=\dfrac{1}{3}J_0$。这时她转动的角速度变为(　　)。

(A) $\dfrac{1}{3}\omega_0$　　　(B) $\dfrac{1}{\sqrt{3}}\omega_0$　　　(C) $3\omega_0$　　　(D) $\sqrt{3}\omega_0$

10. 对一绕固定水平轴 O 匀速转动的转盘,沿图 1-2-3 所示的同一水平直线从相反方向射入两颗质量相同、速率相等的子弹,并停留在盘中,则子弹射入后转盘的角速度应(　　)。

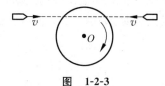

图 1-2-3

(A) 增大　　　　　　　　(B) 减小

(C) 不变　　　　　　　　(D) 无法确定

二、填空题(共 30 分,每小题 3 分)

11. 在 x、y 平面内有一运动质点,其运动方程为 $r=10\cos5t i+10\sin5t j$(SI),则 t 时刻,其速度 $v=$ _____,其切向加速度 $a_t=$ _____,该质点的运动轨迹是 _____。

12. 一质量为 m 的质点原来向北运动,速率为 v,它突然受到外力打击,变为向西运动,速率仍为 v,则外力的冲量大小为 _____。

13. 一质点在二恒力的作用下,位移为 $\Delta r=3i+8j$(m),在此过程中,动能增量为 24J。已知其中一恒力 $F_1=12i-3j$(N),则另一恒力所做的功为 _____。

14. 今有劲度系数为 k 的弹簧(质量忽略不计)竖直放置,下端悬一小球,球的质量为 m,使弹簧为原长而小球恰好与地面接触。今将弹簧上端缓慢地提起,直到小球刚能脱离地面为止,在此过程中外力做的功为 _____。

15. 如果一个箱子与货车底板之间的静摩擦系数为 μ,当这货车爬一与水平方向成 θ 角的小山时,不致使箱子在底板上滑动的最大加速度 $a_{max}=$ _____。

16. 质量为 $m=2$kg 的物体,所受合外力沿 x 正方向,且力的大小随时间变化,其规律为:$F=4+6t$(SI),则当 $t=0$ 到 $t=2$s 的时间内,力的冲量 $I=$ _____,物体动量的增量 $\Delta p=$ _____。

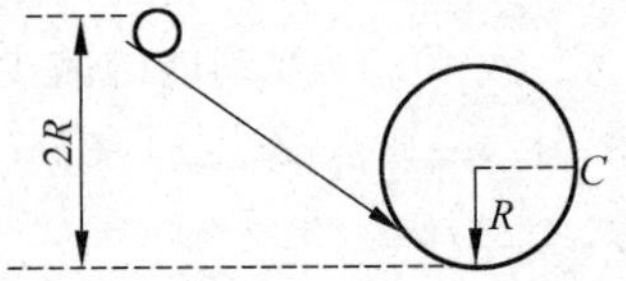

17. 如图 1-2-4 所示,物体从高度为 $2R$ 处沿斜面自静止开始下滑,进入一半径为 R 的圆轨道。若不计摩擦,则当物体经过高度为 R 的 C 点时,其加速度的大小为 _____。

图 1-2-4

18. 半径为 $r=1.5$m 的飞轮,初角速度 $\omega_0=10$rad/s,角加速度 $\beta=-5$rad/s^2,若初始时刻角位移为零,则在 $t=$ _____时角位移再次为零,而此时边缘上点的线速度 $v=$ _____。

19. 一飞轮以 600r/min 的转速旋转,转动惯量为 2.5kg·m^2,现加一恒定的制动力矩使飞轮在 1s 内停止转动,则该恒定制动力矩的大小 $M=$ _____。

20. 长度为 l,质量为 m 的匀质细杆直立在地面上,使其自然倒下,触地端保持不移动,则碰地前瞬间,杆质心线速度大小 $v_C=$ _____;若将细杆截去一半,则碰地前瞬间,杆的角速度 $\omega'=$ _____,这时杆的转动动能 $E'_k=$ _____。

三、计算题(共 40 分)

21.(本题 10 分)

小球在外力的作用下,由静止开始从 A 点出发作匀加速运动,到达 B 点时撤销外力,小球无摩擦地冲上竖直的半径为 R 的半圆环,到达最高点 C 时,恰能维持在圆环上作圆周运动,并以此速度抛出刚好落到原来的出发点 A 处,如图 1-2-5 所示。试求小球在 AB 段运动的加速度。

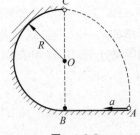

图 1-2-5

22.（本题10分）

质量为 m_1 的 A 物与弹簧相连，另有一质量为 m_2 的 B 物通过轻绳与 A 物相连，两物体与水平面的摩擦系数为零。今以一恒力 F 将 B 物向右拉（如图 1-2-6 所示），施力前弹簧处于自然长度，A、B 两物均静止，且 A、B 间的轻绳绷直。求：(1)两物 A、B 系统受合力为零时的速度；(2)上述过程中绳的拉力对物 A 所做的功，恒力 F 对物 B 所做的功。

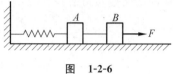

图 1-2-6

23.（本题5分）

如图 1-2-7 所示，质量为 m 的钢球从顶端 A 点沿着中心在 O 点、半径为 R 的光滑半圆形槽由静止开始下滑。当滑到图示的位置 B 时，钢球中心与 O 的连线 OB 和竖直方向成 θ 角，求这时钢球对槽的压力和钢球的切向加速度。

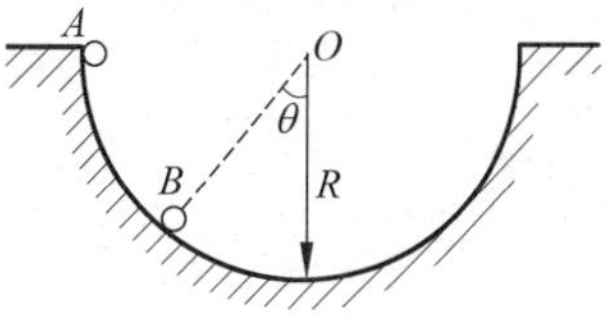

图 1-2-7

24.（本题5分）

如图 1-2-8 所示，一轻绳绕过一定滑轮，滑轮的质量为 M，均匀分布在其边缘上，绳子的 A 端有一质量为 m_1 的人抓住绳端，而在另一端 B 系着一个质量为 m_2 的重物。人从静止开始以相对绳匀速向上爬时，绳与滑轮间无相对滑动，求 B 端重物 m_2 上升的加速度。

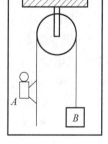

图 1-2-8

25. （本题5分）

如图1-2-9所示，一根长为l、质量为M的匀质棒自由悬挂于通过其上端的光滑水平轴上。现有一质量为m的子弹以水平速度v_0射向棒的中心，并以$v_0/2$的水平速度穿出棒，此后棒的最大偏转角恰为90°，则v_0的大小为多少？

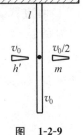

图   1-2-9

26. （本题5分）

长为L的均匀细杆可绕通过端点O的固定水平光滑轴转动。把杆摆平后无初速地释放，杆摆到竖直位置时刚好和光滑水平桌面上的小球相碰，如图1-2-10所示。球的质量与杆相同。设碰撞是弹性的，求碰后小球获得的速度。

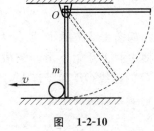

图   1-2-10

单元测试（三）

一、选择题（共30分，每小题3分）

1. 质点在恒力$F=-3i-5j+9k$（N）作用下，从$r_1=2i+4j+3k$（m）运动到$r_2=6i-j+12k$（m）处，则在此过程中该力做的功为（   ）。

(A) 67J   (B) -67J   (C) 94J   (D) 17J

2. 用细绳系一小球，使其在铅直平面内作圆周运动，当小球达到最高点时，下列说法中哪个是正确的？（   ）

(A) 此时小球受重力和向心力的作用

(B) 此时小球受重力、绳子拉力和向心力的作用

(C) 此时小球并没有落下，因此小球还受到一个方向向上的离心力的作用，以与重力、绳子拉力和向心力这三个力相平衡

(D) 此时小球所受绳子的拉力为最小

3. 对质量一定的一个质点，下列说法中，哪个是正确的？（   ）。

(A) 若质点所受合力的方向不变，则一定作直线运动

(B) 若质点所受合力的大小不变,则一定作匀加速直线运动

(C) 若质点所受合力恒定,则一定作直线运动

(D) 若质点自静止开始,所受的合力恒定,则一定作匀加速直线运动

4. 当站在电梯内的观察者看到质量不同的两物体跨过一无摩擦的定滑轮,并处于平衡状态,如图 1-3-1 所示,由此他断定电梯作加速运动,而且加速度的大小和方向为( )。

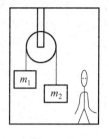

(A) g,向上

(B) g,向下

(C) $\dfrac{(m_2-m_1)g}{m_2+m_1}$,向上

(D) $\dfrac{m_2 g}{m_2+m_1}$,向下

图 1-3-1

5. 某人骑自行车以速率 v 向西行驶,风以相同的速率从北偏西 30°方向吹来,人感到风吹来的方向是( )。

(A) 北偏东 60° (B) 北偏西 60° (C) 西偏南 60° (D) 南偏东 60°

6. 下列叙述中正确的是( )。

(A) 物体的动量不变,动能也不变 (B) 物体的动能不变,动量也不变

(C) 物体的动量变化,动能也一定变化 (D) 物体的动能变化,动量却不一定变化

7. 今有半径为 R 的匀质圆板、圆环各一个,质量都为 m,绕通过圆心垂直于圆平面的轴转动;设在相同的力矩作用下,其获得的角加速度分别是 β_1、β_2,则有( )。

(A) $\beta_1 < \beta_2$ (B) $\beta_1 = \beta_2$

(C) $\beta_1 > \beta_2$ (D) 条件不足,无法判断

8. 一长为 l、质量为 m 的匀质细棒,绕一端作匀速转动,其中心处的速率为 v,则细棒的转动动能为( )。

(A) $mv^2/2$ (B) $mv^2/24$ (C) $mv^2/6$ (D) $2mv^2/3$

9. 两个均质圆盘 A 和 B 的密度相同,质量相同,两圆盘的厚度分别为 h_A 和 h_B。若 $h_A < h_B$,如两盘对通过盘心垂直于盘面的轴的转动惯量各为 J_A 和 J_B,则( )。

(A) $J_A > J_B$ (B) $J_A < J_B$ (C) $J_A = J_B$ (D) 不能确定哪个大

10. 飞轮在电动机的带动下作加速转动,如电动机的功率一定,不计空气阻力,则下列说法中正确的是( )。

(A)飞轮的角加速度是不变的

(B)飞轮的角加速度随时间减少

(C)飞轮的角加速度与它转过的转数成正比

(D)飞轮的动能与它转过的转数成正比

二、填空题(共 **30 分**,每小题 **3 分**)

11. 一质点作平面曲线运动,运动方程为 $\boldsymbol{r} = t\boldsymbol{i} + t^2\boldsymbol{j}\,(\mathrm{m})$,在 $t = 1\mathrm{s}$ 时质点的速度矢量 $\boldsymbol{v} = \underline{\hspace{2cm}}$;切向加速度 $a_t = \underline{\hspace{2cm}}$;法向加速度 $a_n = \underline{\hspace{2cm}}$。

12. 初速度为 $v_0 = 5i + 4j$（m/s），质量为 $m = 0.05$kg 的质点，受到冲量 $I = 2.5i + 2j$（N·s）的作用，则质点的末速度（矢量）为 _____。

13. 甲船以 $v_1 = 10$m/s 的速度向南航行，乙船以 $v_2 = 10$m/s 的速度向东航行，则甲船上的人观察乙船的速度大小为 _____，向 _____ 方向航行。

14. 质量相等的两个物体甲和乙，并排静止在光滑水平面上（如图 1-3-2 所示）。现用一水平恒力 F 作用在物体甲上，同时给物体乙一个与 F 同方向的瞬时冲量 I，使两物体沿同一方向运动，则两物体再次达到并排的位置所经过的时间为 _____。

15. 一质量为 0.1kg 的小球系在长为 1.0m 的细绳上，绳的另一端系在天花板上。把小球移至使细绳与竖直方向成 45° 角的位置，由静止放开，则细绳从 45° 到 0° 时重力做功为 _____，物体在最低位置时的动能为 _____，最低位置时绳的张力为 _____。

16. 质量为 100kg 的货物，平放在卡车底板上。卡车以 4m/s² 的加速度启动。货物与卡车底板无相对滑动。则在开始的 4s 内摩擦力对该货物做的功 $W =$ _____。

17. 速率为 v_0 的子弹打穿木板后，速率恰好变为零。设木板对子弹的阻力恒定不变，那么当子弹射入木板的深度等于木板厚度的 1/4 时，子弹的速率为 _____。

18. 质量分别为 m 和 $2m$ 的两物体（都可视为质点），用一长为 l 的轻质刚性细杆相连，系统绕通过杆且与杆垂直的竖直固定轴 O 转动（见图 1-3-3）。已知 O 轴离质量为 $2m$ 的质点的距离为 $l/3$，质量为 m 的质点的线速度为 v 且与杆垂直，则该系统对转轴的角动量大小为 _____。

19. 一人站在转动的转台上，在他伸出的两手中各握有一个重物。若此人向着胸部缩回他的双手及重物，忽略所有摩擦，系统的转动角速度 _____，系统的角动量 _____，系统的转动动能 _____（填增大、减小或保持不变）。

20. 一半径为 0.1m 的飞轮能绕水平轴在铅直面内作无摩擦的自由转动，其转动惯量 $J = 2×10^{-2}$（kg·m²），由静止开始受一作用在轮缘上、方向始终与切线一致的变力作用，其大小为 $F = 0.5t$（N），则受力后 1s 末的角速度为 _____。

三、计算题（共 40 分）

21.（本题 5 分）

一质量为 m 的弹丸穿过垂直悬挂的单摆摆锤后，速率由 v 减小到 $v/2$。若摆的质量为 M，摆线长为 l，欲使摆锤能在铅直平面内完成一圆周运动，求弹丸的最小速度。

22.（本题 5 分）

如图 1-3-4 所示，一小船质量为 100kg，船头到船尾共长 3.6m。现有一质量为 50kg 的人从船头走到船尾时，船将移动多少距离？假定水的阻力不计。

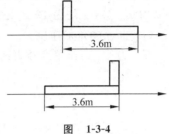

图 1-3-4

23.（本题 10 分）

质量为 $m=5.6$g 的子弹 A，以 $v_0=501$m/s 的速率水平地射入一静止在水平面上的质量为 $M=2$kg 的木块 B 内。A 射入 B 后，B 向前移动了 $L=50$cm 后而停止，求：

（1）B 与水平面间的摩擦系数 μ；

（2）木块对子弹所做的功 W_1；

（3）子弹对木块所做的功 W_2；

（4）W_1 与 W_2 是否大小相等，为什么？

24.（本题 5 分）

从地面上以一定角度发射地球卫星，发射速度 v_0 应为多大才能使卫星在距地心半径为 r 的圆轨道上运转？设地球半径为 R_e。

25.（本题 10 分）

如图 1-3-5 所示，长为 l 的匀质细杆，一端悬于 O 点，自由下垂。在 O 点同时悬一单摆，摆长也是 l，摆的质量为 m。单摆从水平位置由静止开始自由下摆，与自由下垂的细杆作完全弹性碰撞，碰撞后单摆恰好静止。求：

（1）细棒的质量 M；（2）细棒摆动的最大角度 θ。

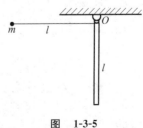

图 1-3-5

26. （本题 5 分）

如图 1-3-6 所示，A、B 两圆盘钉在一起，可绕过中心并与盘面垂直的水平轴转动。圆盘 A 的质量为 6kg，B 的质量为 4kg。A 盘的半径 10cm，B 盘的半径 5cm，力 F_A 与 F_B 均为 19.6N。求：

（1）圆盘的角加速度；

（2）力 F_A 的作用点竖直向下移动 5m，圆盘的角速度和动能。

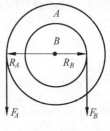

图 **1-3-6**

单元测试（一）答案

一、选择题（共 **30** 分，每小题 **3** 分）

题号	1	2	3	4	5	6	7	8	9	10
答案	D	B	C	B	D	D	B	B	C	A

二、填空题（共 **30** 分，每小题 **3** 分）

11. 变速曲线运动	1 分
变速直线运动	2 分
12. g	1 分
$2g$	2 分
13. $\sqrt{2}mv = 1.41\text{N} \cdot \text{s}$	3 分
14. 1.5m/s²	1 分
2.7m/s	2 分
15. 2N	2 分
1N	1 分
16. 290J	3 分
17. k_2/k_1	1 分
k_2/k_1	2 分
18. $\dfrac{2v_0}{3}\sqrt{2km}$	3 分
19. 9	3 分

解：$2\beta\theta = \omega_t^2 - \omega_0^2$，　$\beta = -\dfrac{\omega_1^2}{4\pi}$，　$2\left(-\dfrac{\omega_1^2}{4\pi}\right)\theta = -(3\omega_1)^2$，　$\theta = 18\pi$

20. $\dfrac{3v}{4l}$	3 分

三、计算题（共 40 分）

21.（本题 5 分）

解：m 从 M 上下滑的过程中，机械能守恒，以 m、M、地球为系统，以最低点为重力势能零点，则有

$$mgR = \frac{1}{2}mv^2 + \frac{1}{2}MV^2 \qquad\qquad 2 \text{分}$$

又下滑过程中动量守恒，以 m、M 为系统，则在 m 脱离 M 瞬间，水平方向有

$$mv - MV = 0 \qquad\qquad 2 \text{分}$$

联立以上两式，得

$$v = \sqrt{\frac{2MgR}{m+M}} \qquad\qquad 1 \text{分}$$

22.（本题 5 分）

解：以电梯为参考系，对 m_1、m_2 进行受力分析，如图 A1-1 所示，设两物体相对电梯的加速度为 a'，则有

$$m_1 g + m_1 a - F_T = m_1 a' \qquad\qquad 2 \text{分}$$

$$-m_2 g - m_2 a + F_T = m_2 a' \qquad\qquad 2 \text{分}$$

$$a' = \frac{m_1 - m_2}{m_1 + m_2}(g + a)$$

$$F_T = \frac{2m_1 m_2}{m_1 + m_2}(g + a) \qquad\qquad 1 \text{分}$$

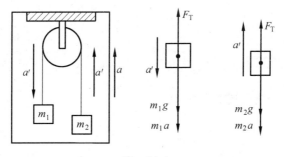

图 A1-1

23.（本题 10 分）

解：（1）用隔离体法，分别画出三个物体的受力图，如图 A1-2 所示。

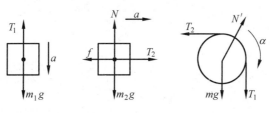

图 A1-2

对物体 1,在竖直方向应用牛顿运动定律得

$$m_1 g - T_1 = m_1 a \qquad\qquad\qquad 2\,分$$

对物体 2,在水平方向和竖直方向分别应用牛顿运动定律得

$$T_2 - \mu N = m_2 a, \quad N - m_2 g = 0 \qquad\qquad 2\,分$$

对滑轮,应用转动定律

$$T_2 r - T_1 r = J(-\alpha) \qquad\qquad\qquad 2\,分$$

并利用关系 $a = r\alpha$,由以上各式,解得

$$a = \frac{m_1 - \mu m_2}{m_1 + m_2 + \dfrac{J}{r^2}} \cdot g, \quad T_1 = \frac{m_2 + \mu m_2 + \dfrac{J}{r^2}}{m_1 + m_2 + \dfrac{J}{r^2}} \cdot m_1 g, \quad T_2 = \frac{m_1 + \mu m_1 + \mu \dfrac{J}{r^2}}{m_1 + m_2 + \dfrac{J}{r^2}} \cdot m_2 g$$

$$2\,分$$

(2) $\mu = 0$ 时

$$a = \frac{m_1}{m_1 + m_2 + \dfrac{J}{r^2}} \cdot g, \quad T_1 = \frac{m_2 + \dfrac{J}{r^2}}{m_1 + m_2 + \dfrac{J}{r^2}} \cdot m_1 g, \quad T_2 = \frac{m_1}{m_1 + m_2 + \dfrac{J}{r^2}} \cdot m_2 g$$

$$2\,分$$

24.(本题 10 分)

解:如图 A1-3 所示,设 l 为弹簧的原长,O 处为弹性势能零点;x_0 为挂上物体后的伸长量,O' 为物体的平衡位置;取弹簧伸长时物体所达到的 O'' 处为重力势能的零点。由题意得物体在 O' 处的机械能为

$$E_1 = E_{k0} + \frac{1}{2}kx_0^2 + mg(x - x_0)\sin\alpha \qquad 2\,分$$

在 O'' 处,其机械能为

$$E_2 = \frac{1}{2}mv^2 + \frac{1}{2}kx^2 \qquad 2\,分$$

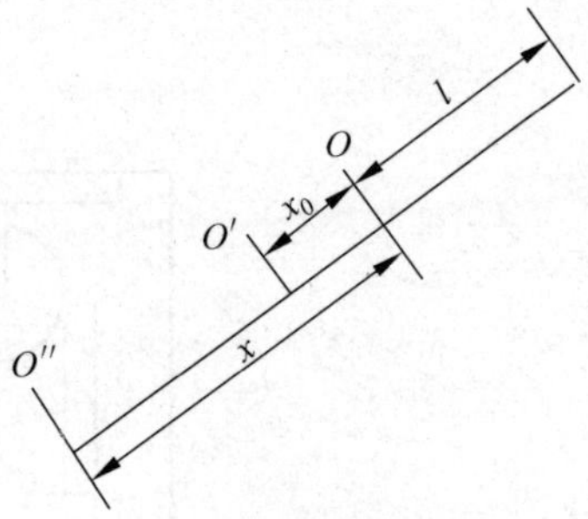

由于只有保守力做功,系统机械能守恒,即

$$E_{k0} + \frac{1}{2}kx_0^2 + mg(x - x_0)\sin\alpha = \frac{1}{2}mv^2 + \frac{1}{2}kx^2$$

$$2\,分$$

图   **A1-3**

在平衡位置有

$$mg\sin\alpha = kx_0$$

则有

$$x_0 = mg\sin\alpha/k \qquad\qquad\qquad 2\,分$$

代入上式整理得

$$\frac{1}{2}mv^2 = E_{k0} + mgx\sin\alpha - \frac{1}{2}kx^2 - \frac{(mg\sin\alpha)^2}{2k} \qquad 2\,分$$

25.(本题 10 分)

解:(1) 设当人以速率 v 沿相对圆盘转动相反的方向走动时,圆盘对地的绕轴角速度为 ω,则人对与地固联的转轴的角速度为

$$\omega' = \omega - \frac{v}{\frac{1}{2}R} = \omega - \frac{2v}{R} \tag{1} \qquad 2\text{分}$$

将人与盘视为系统,系统所受合外力矩为零,系统的角动量守恒。 1分
设盘的质量为 M,则人的质量为 $M/10$,有

$$\left(\frac{1}{2}MR^2 + \frac{M}{10} \times \frac{1}{4}R^2\right)\omega_0 = \frac{1}{2}MR^2\omega + \frac{M}{10} \times \frac{1}{4}R^2\omega' \tag{2} \qquad 2\text{分}$$

将式(1)代入式(2)得

$$\omega = \omega_0 + \frac{2v}{21R} \tag{3} \qquad 1\text{分}$$

(2) 欲使盘对地静止,则式(3)必为零。即

$$\omega_0 + 2v/(21R) = 0 \qquad 2\text{分}$$

得

$$v = -21R\omega_0/2 \qquad 1\text{分}$$

式中负号表示人的走动方向与(1)问中人走动的方向相反,即与盘的初始转动方向一致。

1分

单元测试(二)答案

一、选择题(共 30 分,每小题 3 分)

题号	1	2	3	4	5	6	7	8	9	10
答案	B	B	A	B	C	B	A	A	C	B

二、填空题(共 30 分,每小题 3 分)

11. $-50\sin 5t\boldsymbol{i} + 50\cos 5t\boldsymbol{j}$ 1分

     0   1分

     $x^2 + y^2 = 100$ 1分

12. $\sqrt{2}mv$ 3分

13. 12J   3分

14. $m^2g^2/2k$ 3分

15. $g(\mu\cos\theta - \sin\theta)$ 3分

16. $20\boldsymbol{i}$ 2分

     $20\boldsymbol{i}$ 1分

17. $\sqrt{5}g$ 3分

18. 4s   1分

     -15m/s 2分

19. 157N·m   3分

20. $\dfrac{1}{2}\sqrt{3gl}$ 1 分

$\sqrt{\dfrac{6g}{l}}$ 1 分

$\dfrac{1}{8}mgl\left(机械能守恒\quad \dfrac{l}{2}mg=E_k=\dfrac{1}{2}J\omega^2\right)$ 1 分

三、计算题(共 40 分)

21.(本题 10 分)

解:设加速度为 a,$AB=s$,小球在 B 点速度为 v_1,在 C 点速度为 v_2,整个运动分为三个分过程

$A{\rightarrow}B$:匀加速直线运动

$$v_1^2 = 2as \tag{1}$$ 1 分

$B{\rightarrow}C$:机械能守恒

$$\frac{1}{2}mv_1^2 = mg \cdot 2R + \frac{1}{2}mv_2^2 \tag{2}$$ 2 分

在 C 点,重力提供向心力

$$mg = m\frac{v_2^2}{R} \tag{3}$$ 2 分

$C{\rightarrow}A$:平抛运动

$$s = v_2 t \tag{4}$$ 2 分

$$2R = \frac{1}{2}gt^2 \tag{5}$$ 2 分

联立式(1)~(5),可解得

$$a = \frac{5}{4}g$$ 1 分

22.(本题 10 分)

解:(1) A、B 系统受合力为零时,弹簧伸长量为

$$x_0 = \frac{F}{k}$$ 1 分

由动能定理得

$$\frac{1}{2}(m_1+m_2)v^2 = \int_0^{x_0}(F-kx)\mathrm{d}x = F^2/2k$$ 2 分

$$v = F\sqrt{\frac{1}{k(m_1+m_2)}}$$ 1 分

(2) 设绳的拉力对物 A 所做的功为 A_T,弹簧对物 A 所做的功为 A_p。
对物 A 由动能定理得

$$A_T + A_p = \frac{1}{2}m_1v^2$$ 2 分

$$A_p = -\frac{1}{2}kx_0^2 = -\frac{F^2}{2k}$$ 1 分

$$A_T = \frac{1}{2}m_1 v^2 - A_p = \frac{F^2(2m_1 + m_2)}{2k(m_1 + m_2)}$$ 1分

F 做功

$$A_F = F x_0 = \frac{F^2}{k}$$ 2分

23．（本题 5 分）

解： 小球由 A 点滑到 B 点过程中机械能守恒，有

$$mgR\cos\theta = \frac{1}{2}mv^2 \qquad (1) \qquad 1分$$

球只受法向力 $\boldsymbol{N}$ 和重力 $m\boldsymbol{g}$，根据牛顿第二定律得，法向：

$$N - mg\cos\theta = mv^2/R \qquad (2) \qquad 1分$$

将式(1)、(2)联立得

$$N = 3mg\cos\theta$$

根据牛顿第三定律，球对槽压力大小同上，方向沿半径向外。 1分

切向：

$$mg\sin\theta = ma_t \qquad\qquad 1分$$
$$a_t = g\sin\theta \qquad\qquad 1分$$

24．（本题 5 分）

$$m_1 g - T_1 = m_1 a \qquad\qquad 1分$$
$$T_2 - m_2 g = m_2 a \qquad\qquad 1分$$
$$T_1 R - T_2 R = \frac{MR^2}{2}\beta \qquad\qquad 1分$$
$$a = R\beta \qquad\qquad 1分$$

得

$$a = \frac{(m_1 - m_2)g}{m_1 + m_2 + M} \qquad\qquad 1分$$

25．（本题 5 分）

解： 以子弹和杆为研究对象，子弹穿出前后系统角动量守恒，有

$$J_1 \omega_1 = J_1 \omega_2 + J\omega \qquad\qquad 1分$$

杆在转动过程中机械能守恒，则

$$\frac{1}{2}J\omega^2 = Mg \cdot \frac{1}{2}l \qquad\qquad 1分$$

$$J_1 = m\left(\frac{l}{2}\right)^2 = \frac{ml^2}{4}, \quad J = \frac{1}{3}Ml^2$$

$$\omega_1 = \frac{v_0}{l/2} = \frac{2v_0}{l}, \quad \omega_2 = \frac{v_0/2}{l/2} = \frac{v_0}{l} = \frac{1}{2}\omega_1, \quad \omega = \frac{J_1(\omega_1 - \omega_2)}{J} = \frac{\frac{1}{2}J_1\omega_1}{J} \qquad 1分$$

$$\frac{1}{2}J\omega^2 = \frac{1}{2}Mgl, \quad J \cdot \left(\frac{J_1\omega_1}{2J}\right)^2 = Mgl, \quad \frac{J_1^2\omega_1^2}{4J} = Mgl$$

$$\frac{\left(\frac{ml^2}{4}\right)^2 \frac{4v_0^2}{l^2}}{4 \cdot \frac{1}{3}Ml^2} = Mgl, \quad \frac{3}{16} \cdot \frac{m^2 v_0^2}{M} = Mgl, \quad v_0^2 = \frac{16}{3} \cdot \frac{M^2}{m^2}gl, \quad \text{所以 } v_0 = \frac{4M}{m}\sqrt{\frac{gl}{3}}$$

2分

26.（本题 5 分）

过程一为直杆在重力矩的作用下,绕通过 O 的轴转动,重力矩做的功等于直杆的转动动能。

根据刚体转动的动能定理得

$$\frac{1}{2}mgl = \frac{1}{2}J_O\omega^2 - 0$$ 1 分

碰撞前的角速度

$$\omega = \sqrt{\frac{3g}{l}}$$ 1 分

过程二为直杆和小球发生弹性碰撞:系统的角动量和动能守恒,即有

$$J_O\omega = J_O\omega' + mvl \text{ 和 } \frac{1}{2}J_O\omega^2 = \frac{1}{2}mv^2 + \frac{1}{2}J_O\omega'^2$$ 2 分

将 $\omega = \sqrt{\frac{3g}{l}}$ 代入上述两式,得到

$$v = \frac{1}{2}\sqrt{3gl}$$ 1 分

单元测试（三）答案

一、选择题（共 30 分,每小题 3 分）

题号	1	2	3	4	5	6	7	8	9	10
答案	C	D	D	B	B	A	C	D	A	B

二、填空题（共 30 分,每小题 3 分）

11. $v = i + 2j$ 1 分

   $a_t = \frac{4}{5}\sqrt{5}$ 1 分

   $a_n = \frac{2}{5}\sqrt{5}$ 1 分

12. $55i + 44j$ (m/s)   3 分

13. $10\sqrt{2}$ m/s   2 分

   东偏北 $45°$ 1 分

14. $2I/F$ 3 分

15. 0.29J   1 分

   0.29J   1 分

   1.58N   1 分

16. 1.28×10^4 J   3 分

17. $\dfrac{\sqrt{3}}{2}v_0$ 3分

18. $L=mvl$ 3分

19. 增大;保持不变;增大   3分

20. $1.25\,\mathrm{rad/s}$ 3分

解：$\displaystyle\int_0^1 M\mathrm{d}t = J\omega_1 - J\omega_0$，则 $\displaystyle\omega_1 = \int_0^1 M\mathrm{d}t/J = \int_0^1 0.5tR\,\mathrm{d}t/J = 1.25(\mathrm{rad/s})$

三、计算题(共 40 分)

21. (本题 5 分)

解：(1) 子弹与摆锤碰撞,水平方向动量守恒,则

$$mv = m\frac{v}{2} + Mv_1 \qquad\qquad (1) \qquad 1分$$

其中 v_1 为摆锤碰撞后的速度,摆锤获此速度后作圆周运动,在铅直面内机械能守恒,有

$$\frac{1}{2}Mv_1^2 = \frac{1}{2}Mv_2^2 + Mg2l \qquad\qquad (2) \qquad 1分$$

欲完成一圆周运动,摆锤在最高点必须满足条件

$$Mg = \frac{M}{l}v_2^2 \qquad\qquad (3) \qquad 2分$$

由式(3)得 $v_2 = \sqrt{gl}$,代入式(2)得 $v_1 = \sqrt{5gl}$,再代入式(1)可得子弹的最小速度

$$v_{\min} = \frac{2M}{m}\sqrt{5gl} \qquad\qquad 1分$$

22. (本题 5 分)

解：设 m 为人的质量,M 为船的质量,人和船组成的系统动量守恒,则

$$mv_1 + Mv_2 = 0, \quad v_2 = -\frac{m}{M}v_1 \qquad\qquad 2分$$

$$x_1 = \int_0^t v_1\,\mathrm{d}t$$

$$x_2 = \int_0^t v_2\,\mathrm{d}t = -\frac{m}{M}\int_0^t v_1\,\mathrm{d}t = -\frac{m}{M}x_1 \qquad (1) \qquad 1分$$

$$l = x_1 + (-x_2) \qquad\qquad (2) \qquad 1分$$

将式(1)、(2)联立得

$$x_1 = \frac{M}{M+m}l = 2.4(\mathrm{m}), \quad x_2 = -\frac{m}{M+m}l = -1.2(\mathrm{m}) \qquad 1分$$

所以船移动的距离是 1.2m。

23. (本题 10 分)

解：研究对象为子弹和木块,碰撞过程动量守恒,则

$$mv_0 = (m+M)v, \quad v = \frac{m}{m+M}v_0 \qquad\qquad 2分$$

根据动能定理,摩擦力对系统做的功等于系统动能的增量：

$$-\mu(m+M)gs = \frac{1}{2}(m+M)v'^2 - \frac{1}{2}(m+M)v^2, \quad \frac{1}{2}(m+M)v'^2 = 0 \qquad 2分$$

得到

$$\mu = \frac{m^2}{2gs\,(m+M)^2}v_0^2 = 0.2$$

1分

木块对子弹所做的功等于子弹动能的增量：

$$W_1 = \frac{1}{2}mv^2 - \frac{1}{2}mv_0^2, \quad W_1 = -702.8J$$

2分

子弹对木块所做的功等于木块动能的增量：

$$W_2 = \frac{1}{2}Mv^2, \quad W_2 = 1.96J$$

2分

$W_1 \neq W_2$，子弹的动能大部分损失于克服木块中的摩擦力做功,转变为热能。

1分

24.（本题5分）

解：$\displaystyle\int_{R_e}^{r} -\frac{GmM}{r^2}\mathrm{d}r = \frac{1}{2}mv^2 - \frac{1}{2}mv_0^2, \quad \frac{GmM}{r} - \frac{GmM}{R_e} = \frac{1}{2}mv^2 - \frac{1}{2}mv_0^2$

2分

卫星在距地心半径为 r 的圆轨道上运转,满足

$$\frac{GmM}{r^2} = m\frac{v^2}{r}, \quad \frac{GmM}{r} = mv^2$$

2分

由 $\dfrac{GmM}{r} - \dfrac{GmM}{R_e} = \dfrac{1}{2}mv^2 - \dfrac{1}{2}mv_0^2$ 和 $\dfrac{GmM}{r} = mv^2$ 解得

$$v_0 = \sqrt{GM\left(\frac{2}{R_e} - \frac{1}{r}\right)}$$

1分

25.（本题10分）

解：（1）质点 m 碰撞前速度

$$v = \sqrt{2gl}$$

2分

碰撞过程动能守恒

$$\frac{1}{2}mv^2 = \frac{1}{2}J\omega^2 \tag{1}$$

2分

碰撞过程角动量守恒

$$mvl = J\omega \tag{2}$$

2分

由式（1）、（2）得

$$J = ml^2, \quad J = \frac{1}{3}Ml^2, \quad 则\ M = 3m$$

1分

（2）设细杆摆动的最大角度为 θ,则

$$Mg\frac{l}{2}(1-\cos\theta) = \frac{1}{2}J\omega^2 = \frac{1}{2}mv^2$$

2分

以 $M = 3m, v^2 = 2gl$ 代入得

$$\cos\theta = \frac{1}{3}, \quad 则\ \theta = \arccos\frac{1}{3}$$

1分

26.（本题5分）

解：（1）$J = \dfrac{1}{2}m_A R_A^2 + \dfrac{1}{2}m_B R_B^2 = 0.035(\mathrm{kg \cdot m^2})$

1分

转动力矩

$$M = F_A R_A - F_B R_B$$

则

$$\alpha = \frac{M}{J} = 28(\text{rad/s}^2)$$　　　　　　　　1 分

（2）F_A 下移 5m，则圆盘的角位移

$$\Delta\theta = \frac{S}{R_A} = 50(\text{rad})$$　　　　　　　　1 分

$$\omega^2 = 2\alpha \cdot \Delta\theta = 2800, \quad \omega = \sqrt{2800} = 52.9(\text{rad/s})$$　　　　1 分

$$E_k = \frac{1}{2}J\omega^2 = \frac{1}{2} \times 0.035 \times 2800 = 49(\text{J}), \quad \text{或} \quad E_k = M \cdot \Delta\theta = 49(\text{J})$$　　1 分

热　学

常用公式

1. 温度和气体动理论

理想气体状态方程 $pV = \dfrac{m}{M}RT$，$p = nkT$

理想气体压强 $p = \dfrac{1}{3}nm\overline{v^2} = \dfrac{2}{3}n\bar{\varepsilon}_{\mathrm{t}}$

分子平均平动动能 $\bar{\varepsilon}_{\mathrm{t}} = \dfrac{3}{2}kT$，能量均分定理 $\bar{\varepsilon}_{\mathrm{k}} = \dfrac{i}{2}kT$，理想气体内能 $E = \dfrac{i}{2}\nu RT$

速率分布函数 $f(v) = \dfrac{\mathrm{d}N_v}{N\mathrm{d}v}$

最概然速率 $v_{\mathrm{p}} = \sqrt{\dfrac{2kT}{m}} = \sqrt{\dfrac{2RT}{M}} = 1.41\sqrt{\dfrac{RT}{M}}$，平均速率 $\bar{v} = \sqrt{\dfrac{8kT}{\pi m}} = \sqrt{\dfrac{8RT}{\pi M}} = 1.60\sqrt{\dfrac{RT}{M}}$，方均根速率 $v_{\mathrm{rms}} = \sqrt{\dfrac{3kT}{m}} = \sqrt{\dfrac{3RT}{M}} = 1.73\sqrt{\dfrac{RT}{M}}$

平均自由程 $\bar{\lambda} = \dfrac{1}{\sqrt{2}\sigma n} = \dfrac{1}{\sqrt{2}\pi d^2 n}$

2. 热力学第一定律

热力学第一定律 $Q = E_2 - E_1 + A$，$\mathrm{d}Q = \mathrm{d}E + \mathrm{d}A$，体积功 $\mathrm{d}A = p\mathrm{d}V$，$A = \displaystyle\int_{V_1}^{V_2} p\mathrm{d}V$

理想气体的摩尔热容 $C_{p,\mathrm{m}} = \dfrac{1}{\nu}\left(\dfrac{\mathrm{d}Q}{\mathrm{d}T}\right)_p = \dfrac{i+2}{2}R$，$C_{V,\mathrm{m}} = \dfrac{1}{\nu}\left(\dfrac{\mathrm{d}Q}{\mathrm{d}T}\right)_V = \dfrac{i}{2}R$，$C_{p,\mathrm{m}} - C_{V,\mathrm{m}} = R$

比热比 $\gamma = \dfrac{C_{p,\mathrm{m}}}{C_{V,\mathrm{m}}} = \dfrac{i+2}{i}$

绝热过程 $Q = 0$，$A = E_1 - E_2$

理想气体准静态绝热过程 $pV^\gamma = 常量$，$A = \dfrac{1}{\gamma - 1}(p_1V_1 - p_2V_2)$

热循环效率 $\eta = \dfrac{A}{Q_1} = 1 - \dfrac{Q_2}{Q_1}$，制冷系数 $w = \dfrac{Q_2}{A} = \dfrac{Q_2}{Q_1 - Q_2}$，卡诺循环正循环效率 $\eta_{\mathrm{C}} = 1 - \dfrac{T_2}{T_1}$ 逆循环的制冷系数 $w_{\mathrm{C}} = \dfrac{T_2}{T_1 - T_2}$

3. 热力学第二定律

玻耳兹曼熵 $S = k\ln\Omega$

克劳修斯熵 $dS = \dfrac{dQ}{T}$(可逆过程)，$S_2 - S_1 = \displaystyle\int_2^2 \dfrac{dQ}{T}$(可逆过程)

克劳修斯不等式：对于不可逆过程 $dS > \dfrac{dQ}{T}$

熵增原理：$\Delta S \geqslant 0$(孤立系,等号用于可逆过程)

单元测试(一)

一、选择题(共 30 分,每小题 3 分)

1. 已知氢气与氧气的温度相同,下列说法正确的为( )。
   (A) 氧分子的质量比氢分子大,所以氧气的压强一定大于氢气的压强
   (B) 氧分子的质量比氢分子大,所以氧气的密度一定大于氢气的密度
   (C) 氧分子的质量比氢分子大,所以氢分子的速率一定比氧分子的速率大
   (D) 氧分子的质量比氢分子大,所以氢分子的方均根速率一定比氧分子的方均根速率大

2. 麦克斯韦速率分布曲线如图 2-1-1 所示,图中 A、B 两部分面积相等,则该图表示( )。
   (A) v_0 为最概然速率
   (B) v_0 为平均速率
   (C) v_0 为方均根速率
   (D) 速率大于和小于 v_0 的分子数各占一半

图 2-1-1

3. 一定量的理想气体,从 p-V 图(图 2-1-2)上初态 a 经历(1)或(2)过程到达末态 b,已知 a、b 两态处于同一条绝热线上(图中虚线是绝热线),则气体在( )。
   (A) (1)过程中吸热,(2)过程中放热 (B) (1)过程中放热,(2)过程中吸热
   (C) 两种过程中都吸热 (D) 两种过程中都放热

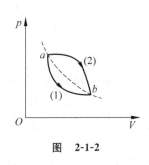

图 2-1-2

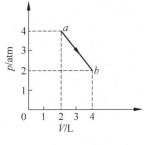

图 2-1-3

4. 如图 2-1-3 所示,一定量的理想气体,沿着图中直线从状态 a(压强 $p_1 = 4\text{atm}$,体积 $V_1 = 2\text{L}$)变到状态 b(压强 $p_2 = 2\text{atm}$,体积 $V_2 = 4\text{L}$)。则在此过程中( )。
   (A) 气体对外做正功,向外界放出热量 (B) 气体对外做正功,从外界吸热
   (C) 气体对外做负功,向外界放出热量 (D) 气体对外做正功,内能减少

5. 压强为 p、体积为 V 的氢气(视为刚性分子理想气体)的内能为(　　)。

(A) $\frac{5}{2}pV$　　　　(B) $\frac{3}{2}pV$　　　　(C) pV　　　　(D) $\frac{1}{2}pV$

6. 一定量的理想气体向真空作绝热自由膨胀,体积由 V_1 增至 V_2,在此过程中气体的(　　)。

(A) 内能不变,熵增加　　　　　　　(B) 内能不变,熵减少

(C) 内能不变,熵不变　　　　　　　(D) 内能增加,熵减少

7. 理想气体卡诺循环过程的两条绝热线下的面积(图中阴影部分)分别为 S_1 和 S_2,如图 2-1-4 所示,则二者的大小关系(　　)。

(A) $S_1 > S_2$　　　　(B) $S_1 = S_2$　　　　(C) $S_1 < S_2$　　　　(D) 无法确定

8. 根据热力学第二定律判断下列哪种说法是正确的。(　　)

(A) 热量能从高温物体传到低温物体,但是不能从低温物体传到高温物体

(B) 功可以全部变为热,但是热不能全部变为功

(C) 气体能够自由膨胀,但是不能自动收缩

(D) 有规则运动的能量能够变为无规则运动的能量,但是无规则运动的能量不能变成有规则运动的能量

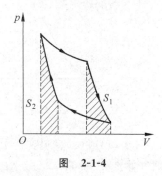

图　2-1-4

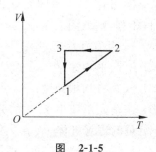

图　2-1-5

9. 一定质量的理想气体完成一循环过程。此过程在 V-T 图 2-1-5 中用图线 1→2→3→1 描写。该气体在循环过程中吸热、放热的情况是(　　)。

(A) 在 1→2、3→1 过程吸热,在 2→3 过程放热

(B) 在 2→3 过程吸热,在 1→2、3→1 过程放热

(C) 在 1→2 过程吸热,在 2→3、3→1 过程放热

(D) 在 2→3、3→1 过程吸热,在 1→2 过程放热

10. 设某种气体分子速率分布函数为 $f(v)$,则速率在 $v_1 \sim v_2$ 区间内的分子的平均速率为(　　)。

(A) $v\int_{v_1}^{v_2} f(v)\mathrm{d}v$　　　(B) $\int_{v_1}^{v_2} vf(v)\mathrm{d}v$　　　(C) $\dfrac{\int_{v_1}^{v_2} f(v)\mathrm{d}v}{\int_{0}^{\infty} f(v)\mathrm{d}v}$　　　(D) $\dfrac{\int_{v_1}^{v_2} vf(v)\mathrm{d}v}{\int_{v_1}^{v_2} f(v)\mathrm{d}v}$

二、填空题(共 30 分,每小题 3 分)

11. 在容积为 $10^{-2} \mathrm{m}^3$ 的容器中,装有质量 100g 的气体,若气体分子的方均根速率为 200m/s,则气体的压强为_____。

12. 在一容积不变的封闭容器内理想气体分子的平均速率若提高为原来的 2 倍,则气体的温度为原来的_____倍,压强变为原来的_____倍。

13. $f(v)$ 为麦克斯韦速率分布函数,$\int_{v_p}^{\infty} f(v)\mathrm{d}v$ 的物理意义是_____;$\int_{0}^{\infty} \dfrac{mv^2}{2} f(v)\mathrm{d}v$ 的物理意义是_____。

14. 一容器内盛有密度为 ρ 的单原子理想气体,其压强为 p,此气体分子的方均根速率为_____;单位体积内气体的内能是_____。

15. A、B、C 三个容器中皆装有理想气体,它们的分子数密度之比是 $n_A : n_B : n_C = 4 : 2 : 1$,而分子的平均平动动能之比 $\varepsilon_A : \varepsilon_B : \varepsilon_C = 1 : 2 : 4$,则它们的压强之比 $p_A : p_B : p_C =$_____。

16. 一定量某种理想气体,其分子自由度为 i,在等压过程中吸热 Q,对外做功 W,内能增加 ΔE,则 $\dfrac{\Delta E}{Q} =$_____,$\dfrac{W}{Q} =$_____。

17. 两个容器中分别储有理想气体氦和氧,已知氦气的压强是氧气的一半,氦气的容积是氧气的 2 倍,则氦气的内能与氧气的内能之比是_____。

18. 一定量理想气体,从同一状态开始使其体积由 V_1 膨胀到 $2V_1$,分别经历以下三种过程:(1)等压过程;(2)等温过程;(3)绝热过程。其中:_____过程气体对外做功最多;_____过程气体内能增加最多;_____过程气体吸收的热量最多。

19. 卡诺循环由两个_____过程和两个_____过程组成,若构成的高温热库和低温热库的温度分别是 T_1 和 T_2,则此循环效率是_____。

20. 下面给出的理想气体物态方程的几种微分形式,指出它们各自表示什么过程。

(1) $p\mathrm{d}V = \dfrac{m}{M}R\mathrm{d}T$,表示_____过程。

(2) $V\mathrm{d}p = \dfrac{m}{M}R\mathrm{d}T$,表示_____过程。

(3) $p\mathrm{d}V + V\mathrm{d}p = 0$,表示_____过程。

三、计算题(共 40 分)

21. (本题 5 分)

一瓶氧气,一瓶氢气,等压、等温,氧气体积是氢气的 2 倍,求:(1)氧气和氢气分子数密度之比;(2)氧分子和氢分子的平均速率之比。

22.（本题 5 分）

理想气体的定压摩尔热容为 29.1J/(mol·K)。求它在温度为 273K 时分子平均转动动能(玻耳兹曼常量 $k=1.38\times10^{-23}$J/K)。

23.（本题 5 分）

温度 $T_0=25℃$、压强 $P_0=1$atm 的 1mol 刚性双原子分子理想气体,经等温过程体积由 V_0 膨胀至原来的 3 倍。(1)计算这个过程中气体对外所做的功;(2)假若气体经绝热过程体积由 V_0 膨胀至原来的 3 倍,那么气体对外做的功又是多少?

24.（本题 10 分）

1mol 双原子分子理想气体经历图 2-1-6 所示的循环过程,求:

(1) 状态 a、b、c 的温度;

(2) 完成一个循环气体对外做的净功;

(3) $a{\rightarrow}b$、$b{\rightarrow}c$、$c{\rightarrow}a$ 过程气体吸收或放出的热量;

(4) 循环的效率。

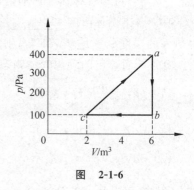

图　2-1-6

25.（本题 10 分）

1mol 氢气作如图 2-1-7 所示的可逆循环 $abca$,其中 $b{\rightarrow}c$ 为绝热过程,$c{\rightarrow}a$ 为等压过程,$a{\rightarrow}b$ 为等容过程,试求:

(1) 在一个循环中,系统吸收的热量和放出的热量;

(2) 每一循环系统所做的功;

(3) 循环的效率。

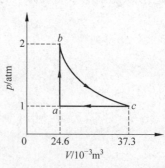

图　2-1-7

26.（本题 5 分）

一卡诺热机的低温热源温度为 7℃,效率为 40％,若要将其效率提高到 50％,问高温热源的温度需要提高多少?

单元测试（二）

一、选择题（共 30 分,每小题 3 分）

1. 理想气体在平衡态下气体分子的平均速率、方均根速率、最概然速率的关系为(　　)。

(A) $\sqrt{\overline{v^2}} > v_p > \overline{v}$ 　　(B) $v_p > \overline{v} > \sqrt{\overline{v^2}}$ 　　(C) $\sqrt{\overline{v^2}} > \overline{v} > v_p$ 　　(D) $\overline{v} > v_p > \sqrt{\overline{v^2}}$

2. 下列结论正确的是(　　)。

(A) 不可逆过程就是不能反向进行的过程

(B) 自然界的一切不可逆过程都是相互依存的

(C) 自然界的一切不可逆过程都是相互独立、没有关联的

(D) 自然界中进行的不可逆过程的熵可能增大也可能减小

3. 一定量的理想气体经历如图 2-2-1 所示 acb 过程时吸热 500J。则经历 acbda 过程时,吸热为(　　)。

(A) −1200J

(B) −700J

(C) −400J

(D) 700J

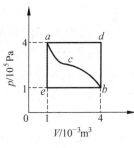

图　2-2-1

4. 用公式 $\Delta E = \nu C_V \Delta T$(式中 C_V 为定体摩尔热容,视为常量,ν 为气体摩尔数)计算理想气体内能增量时,此式(　　)。

(A) 只适用于准静态的等体过程

(B) 只适用于一切等体过程

(C) 只适用于一切准静态过程

(D) 适用于一切始末态为平衡态的过程

5. 下列四图分别表示理想气体的四个设想的循环过程。选出其中一个在物理上可能实现的循环过程的图的标号。(　　)

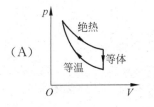

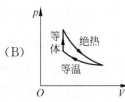

6. 关于温度的意义,有下列几种说法,正确的是(　　)。

(1) 气体的温度是分子平均平动动能的量度

(2) 气体的温度是大量气体分子热运动的集体表现,具有统计意义

(3) 温度的高低反映物质内部分子运动剧烈程度的不同

(4) 从微观上看,气体的温度表示每个气体分子的冷热程度

　　　(A) (1)、(2)、(4)　　　(B) (1)、(2)、(3)　　　(C) (2)、(3)、(4)　　　(D) (1)、(3)、(4)

7. "理想气体和单一热源接触作等温膨胀时,吸收的热量全部用来对外做功。"对此说法有如下几种评论,哪种是正确的?(　　)

　　　(A) 不违反热力学第一定律,也不违反热力学第二定律

　　　(B) 不违反热力学第一定律,但违反热力学第二定律

　　　(C) 不违反热力学第二定律,但违反热力学第一定律

　　　(D) 违反热力学第一定律,也违反热力学第二定律

8. 一定量理想气体,v_{p1},v_{p2}分别是分子在温度 T_1,T_2 时的最概然速率,相应的分子速率分布函数的最大值分别为 $f(v_{p1})$ 和 $f(v_{p2})$,则当 $T_1 > T_2$ 时,(　　)。

　　　(A) $v_{p1} > v_{p2}$,$f(v_{p1}) < f(v_{p2})$　　　　　　(B) $v_{p1} < v_{p2}$,$f(v_{p1}) < f(v_{p2})$

　　　(C) $v_{p1} > v_{p2}$,$f(v_{p1}) > f(v_{p2})$　　　　　　(D) $v_{p1} < v_{p2}$,$f(v_{p1}) > f(v_{p2})$

9. 关于热功转换和热量传递过程,以下这些叙述中,(　　)。

(1) 功可以完全变为热量,而热量不能完全变为功

(2) 一切热机的效率都只能够小于 1

(3) 热量不能从低温物体向高温物体传递

(4) 热量从高温物体向低温物体传递是不可逆的

　　　(A) 只有(2)、(4)正确　　　　　　　　　(B) 只有(2)、(3)、(4)正确

　　　(C) 只有(1)、(3)、(4)正确　　　　　　　(D) 全部正确

10. 一瓶氦气和一瓶氮气密度相同,分子平均动能相同,而且都处于平衡状态,则它们(　　)。

　　　(A) 温度相同,压强相同

　　　(B) 温度、压强都不同

　　　(C) 温度相同,但是氦气的压强大于氮气的压强

　　　(D) 温度相同,但是氦气的压强小于氮气的压强

二、填空题(共 30 分,每小题 3 分)

11. 一瓶氢气和一瓶氧气温度相同,若氢气分子的平均平动动能为 6.21×10^{-21}J,则氧气分子的平均平动动能为_____,氧气的温度为_____。

12. 一作卡诺循环的热机,高温热源的温度为 400K,每一循环从此热源吸热 100J 并向

一低温热源放热 80J,则低温热源温度为_____ K,此循环的效率为_____。

13. 热力学第二定律的两种表述为: _____

_____。

14. 给定的理想气体(比热比 γ 为已知)从标准状态(p_0,V_0,T_0)开始作绝热膨胀,体积增大到 3 倍,膨胀后的温度 $T=$_____;压强 $p=$_____。

15. 图 2-2-2 所示为一理想气体几种状态变化过程的 $p\text{-}V$ 图,其中 MT 为等温线,MQ 为绝热线,在 AM、BM、CM 三种准静态过程中:

(1) 温度升高的是_____过程;

(2) 气体吸热的是_____过程。

16. 如图 2-2-3 所示,理想气体从状态 A 出发经 $ABCDA$ 循环过程回到初态 A 点,则循环过程中气体净吸的热量为 $Q=$_____。

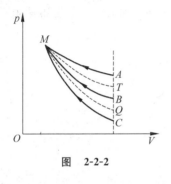

图 2-2-2

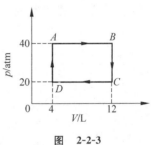

图 2-2-3

17. 已知某理想气体分子的方均根速率为 400m/s。当其压强为 1atm 时,气体的密度_____。

18. 用总分子数 N、气体分子速率 v 和速率分布函数 $f(v)$ 表示下列各量:

(1) 速率大于 v_0 的分子数=_____;

(2) 速率大于 v_0 的那些分子的平均速率=_____;

(3) 多次观察某一分子的速率,发现其速率大于 v_0 的概率=_____。

19. 若理想气体的体积为 V,压强为 p,温度为 T,一个分子的质量为 m,k 为玻耳兹曼常量,R 为摩尔气体常量,则该理想气体的分子数为_____。

20. 理想气体在等体过程中吸收的热量等于_____的增量。

三、计算题(共 40 分)

21. (本题 5 分)

一氧气瓶的容积为 V,充了气未使用时压强为 p_1,温度为 T_1;使用后瓶内氧气的质量减少为原来的一半,其压强降为 p_2,试求此时瓶内氧气的温度 T_2 及使用前后分子热运动平均速率之比 $\overline{v_1}/\overline{v_2}$。

22.（本题 5 分）

有 $2 \times 10^{-3} m^3$ 刚性双原子分子理想气体,其内能为 $6.75 \times 10^2 J$。

(1) 试求气体的压强;

(2) 设分子总数为 5.4×10^{22} 个,求分子的平均平动动能及气体的温度。

(玻耳兹曼常量 $k = 1.38 \times 10^{-23} J/K$)。

23.（本题 5 分）

以氢(视为刚性分子的理想气体)为工作物质进行卡诺循环,如果在绝热膨胀时末态的压强 p_2 是初态压强 p_1 的一半,求循环的效率。

24.（本题 5 分）

1mol 氧气从初态出发,经过等容升压过程,压强增大为原来的 2 倍,然后又经过等温膨胀过程,体积增大为原来的 2 倍,求末态与初态之间:(1)气体分子方均根速率之比;(2)分子平均自由程之比。

25.（本题 10 分）

如图 2-2-4 所示,汽缸内有 2mol 单原子分子理想气体,初始温度 $T_1 = 300K$,体积为 $V_1 = 20 \times 10^{-3} m^3$。先经等压膨胀至 $V_2 = 2V_1$,然后经绝热膨胀至温度回复到 T_1,最后经等温压缩回到状态 1,求:(1)每一过程中气体吸收或放出的热量;(2)经一个循环气体对外所做的净功;(3)循环的效率。

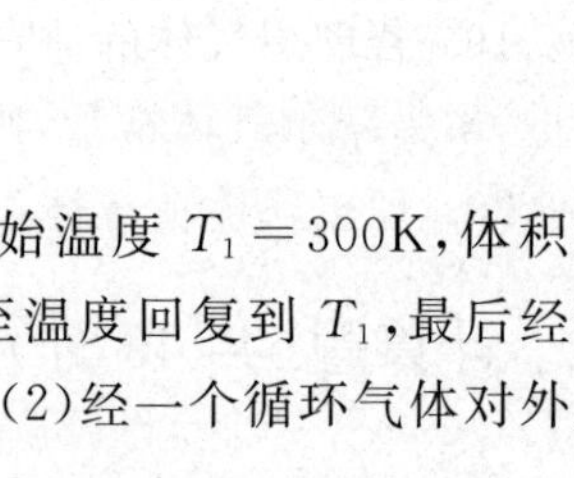

图 2-2-4

26.（本题 10 分）

汽缸内有 2mol 双原子分子气体,经历如图 2-2-5 所示 $abcda$ 的循环过程,其中 $b{\to}c$ 为等温过程,求:

(1) 经一个循环气体吸收的热量;

(2) 经一个循环气体对外所做的净功;

(3) 循环的效率。

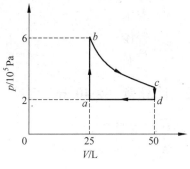

图　2-2-5

单元测试（一）答案

一、选择题（共 **30** 分,每小题 **3** 分）

题号	1	2	3	4	5	6	7	8	9	10
答案	D	D	B	B	A	A	B	C	C	D

二、填空题（共 **30** 分,每小题 **3** 分）

11. 1.33×10^5 Pa   3 分

12. 4   2 分

　　4   1 分

13. 速率在 v_p 以上的分子数占总分子数的百分比;分子平均平动动能   3 分

14. $(3p/\rho)^{1/2}$ 2 分

　　$3p/2$ 1 分

15. $p_A:p_B:p_C=1:1:1$ 3 分

16. $\dfrac{i}{i+2}$ 2 分

　　$\dfrac{2}{i+2}$ 1 分

17. $3:5$ 3 分

18. 等压   1 分

　　等压   1 分

　　等压   1 分

19. 等温   1 分

绝热   1分

$$\eta = 1 - \frac{T_2}{T_1}$$ 1分

20. 等压   1分

等体   1分

等温   1分

三、计算题(共 40 分)

21.(本题 5 分)

解:(1) 因为 $p = nkT$,则

$$\frac{n_O}{n_H} = 1$$ 2分

(2) 由平均速率公式得

$$\bar{v} = 1.60 \sqrt{\frac{RT}{M_{mol}}}$$

$$\frac{\bar{v}_O}{\bar{v}_H} = \sqrt{\frac{M_{molH}}{M_{molO}}} = \frac{1}{4}$$ 3分

22.(本题 5 分)

解: $C_p = \frac{i+2}{2}R = \frac{i}{2}R + R$

则

$$i = \frac{2(C_p - R)}{R} = 2\left(\frac{C_p}{R} - 1\right) = 5$$ 2分

可见是双原子分子,只有两个转动自由度,则

$$\bar{\varepsilon}_r = 2kT/2 = kT = 3.77 \times 10^{-21}(J)$$ 3分

23.(本题 5 分)

解:(1) 等温过程气体对外做功为

$$A = \int_{V_0}^{3V_0} p\,dV = RT \int_{V_0}^{3V_0} \frac{dV}{V} = RT\ln 3 = 2.72 \times 10^3(J)$$ 2分

(2) 由绝热过程方程

$$pV^\gamma = p_0 V_0^\gamma$$

得

$$p = p_0 V_0^\gamma V^{-\gamma}$$ 1分

因此绝热过程气体对外做功为

$$A = \int_{V_0}^{3V_0} p\,dV = p_0 V_0^\gamma \int_{V_0}^{3V_0} V^{-\gamma}\,dV = \frac{3^{1-\gamma}-1}{1-\gamma}p_0 V_0 = \frac{1-3^{1-\gamma}}{\gamma-1}RT_0$$

$$= 2.20 \times 10^3(J)$$ 2分

24.(本题 10 分)

解:(1) $T_a = \frac{p_a V_a}{R} = 289(K), T_b = \frac{p_b V_b}{R} = 72(K), T_c = \frac{p_c V_c}{R} = 24(K)$ 3分

(2) 净功

$$W = \frac{1}{2}(p_a - p_b)(V_b - V_c) = 600 \text{(J)} \qquad \text{2分}$$

(3) $a \to b$ 放热：$Q_{ab} = C_V(T_b - T_a) = \frac{5}{2}R(T_b - T_a) = \frac{5}{2}(p_b V_b - p_a V_a) = -4.5 \times 10^3 \text{(J)}$ 1分

$b \to c$ 放热：$Q_{bc} = C_p(T_c - T_b) = \frac{7}{2}R(T_c - T_b) = \frac{7}{2}(p_c V_c - p_b V_b) = -1.40 \times 10^3 \text{(J)}$ 1分

$c \to a$ 吸热：$Q_{ca} = W - Q_{ab} - Q_{bc} = 6.5 \times 10^3 \text{(J)}$ 1分

(4) $\eta = \dfrac{W}{Q_1} = 1 - \dfrac{Q_2}{Q_1} = 1 - \dfrac{4.5 \times 10^3 + 1.4 \times 10^3}{6.5 \times 10^3} = 9.2\%$ 2分

25.（本题 10 分）

解：(1) $T_a = \dfrac{p_a V_a}{R} = 300 \text{(K)}$ 1分

$T_b = \dfrac{p_b V_b}{R} = 600 \text{(K)}$ 1分

$T_c = \dfrac{p_c V_c}{R} = 455 \text{(K)}$ 1分

$a \to b$：等体吸热，$Q_{吸} = C_V \Delta T = \dfrac{3}{2}R(T_b - T_a) = 3740 \text{(J)}$ 2分

$c \to a$：等压放热，$Q_{放} = C_p \Delta T = \dfrac{5}{2}R(T_a - T_c) = -3220 \text{(J)}$ 2分

(2) 每一循环系统对外做功

$$W = Q_{吸} + Q_{放} = 520 \text{(J)} \qquad \text{2分}$$

(3) 循环的效率

$$\eta = \frac{W}{Q_{吸}} = 14\% \qquad \text{1分}$$

26.（本题 5 分）

解：由卡诺循环效率公式 $\eta = 1 - \dfrac{T_2}{T_1}$ 得

$$T_1 = \frac{T_2}{1 - \eta} \qquad \text{2分}$$

当 $\eta = 40\%$ 时， $T_1 = \dfrac{T_2}{1 - 0.4}$ 1分

当 $\eta = 50\%$ 时， $T_1' = \dfrac{T_2}{1 - 0.5}$ 1分

$\Delta T = T_1' - T_1 = 93.3 \text{(K)}$ 1分

单元测试（二）答案

一、选择题（共 30 分，每小题 3 分）

题号	1	2	3	4	5	6	7	8	9	10
答案	C	B	B	D	B	B	A	A	A	C

二、填空题(共 30 分,每小题 3 分)

11. $6.21 \times 10^{-21} \mathrm{J}$ 2 分

    300K   1 分

12. 320   2 分

    20%   1 分

13. 开尔文表述:不可能从单一热源吸收热量,使之完全变为有用功而不产生其他
影响。   2 分

    克劳修斯表述:不可能把热量从低温物体传到高温物体而不引起其他影响。   1 分

14. $T = \left(\dfrac{1}{3}\right)^{\gamma-1} T_0$ 2 分

    $p = \left(\dfrac{1}{3}\right)^{\gamma} p_0$ 1 分

15. BM、CM 2 分

    CM 1 分

16. $1.62 \times 10^4 \mathrm{J}$(或 160atm · L)   3 分

17. $1.9 \mathrm{kg/m^3}$ 3 分

18. $\displaystyle\int_{v_0}^{\infty} N f(v) \mathrm{d}v$ 1 分

    $\displaystyle\int_{v_0}^{\infty} v f(v) \mathrm{d}v \Big/ \int_{v_0}^{\infty} f(v) \mathrm{d}v$ 1 分

    $\displaystyle\int_{v_0}^{\infty} f(v) \mathrm{d}v$ 1 分

19. $\dfrac{pV}{kT}$ 3 分

20. 内能   3 分

三、计算题(共 40 分)

21. (本题 5 分)

解:$p_1 V = \nu R T_1$, $p_2 V = \dfrac{1}{2} \nu R T_2$

则有

$$T_2 = 2 T_1 p_2 / p_1 \qquad\qquad 2 \text{ 分}$$

$$\frac{\overline{v_1}}{\overline{v_2}} = \sqrt{\frac{T_1}{T_2}} = \sqrt{\frac{p_1}{2 p_2}} \qquad\qquad 3 \text{ 分}$$

22. (本题 5 分)

解:(1) 设分子总数为 N,由 $E = N \dfrac{5}{2} kT$ 及 $p = nkT = \dfrac{N}{V} kT$ 得

$$p = \frac{2E}{5V} = 1.35 \times 10^5 (\mathrm{Pa}) \qquad\qquad 2 \text{ 分}$$

(2)

$$\bar{\varepsilon}_t = \frac{3}{2}kT = \frac{3E}{5N} = 7.5 \times 10^{-21}(\text{J})$$

1分

$$T = \frac{2E}{5Nk} = 362(\text{K})$$

2分

23. (本题 5 分)

解：根据卡诺循环的效率

$$\eta = 1 - \frac{T_2}{T_1}$$

1分

由绝热方程

$$\frac{p_1^{\gamma-1}}{T_1^{\gamma}} = \frac{p_2^{\gamma-1}}{T_2^{\gamma}}$$

1分

得

$$\frac{T_2}{T_1} = \left(\frac{p_2}{p_1}\right)^{\frac{\gamma-1}{\gamma}}$$

氢为双原子分子，$\gamma = 1.40$，由 $\dfrac{p_2}{p_1} = \dfrac{1}{2}$ 得

1分

$$\frac{T_2}{T_1} = 0.82$$

1分

$$\eta = 1 - \frac{T_2}{T_1} = 18\%$$

1分

24. (本题 5 分)

解：由气体状态方程

$$\frac{p_1}{T_1} = \frac{p_2}{T_2} \quad 及 \quad p_2 V_2 = p_3 V_3$$

方均根速率公式

$$\sqrt{\overline{v^2}} = 1.73\sqrt{\frac{RT}{M_{\text{mol}}}}$$

则

$$\frac{\sqrt{\overline{v_{初}^2}}}{\sqrt{\overline{v_{末}^2}}} = \sqrt{\frac{T_1}{T_2}} = \sqrt{\frac{p_1}{p_2}} = \frac{1}{\sqrt{2}}$$

3分

对于理想气体，$p = nkT$，即 $n = \dfrac{p}{kT}$，所以有

$$\bar{\lambda} = \frac{kT}{\sqrt{2}\pi d^2 p}$$

$$\frac{\bar{\lambda}_{初}}{\bar{\lambda}_{末}} = \frac{T_1 p_3}{p_1 T_2} = \frac{1}{2}$$

2分

25. (本题 10 分)

解：(1) $T_2 = \dfrac{V_2}{V_1}T_1 = 600(\text{K})$

1分

$1 \rightarrow 2$：$Q_1 = \nu c_p (T_2 - T_1) = 2 \times \dfrac{5}{2}R(600 - 300) = 12\,465(\text{J})$

2分

$2 \rightarrow 3$：$Q_2 = 0$ 1分

$3 \rightarrow 1$：

$$T_2 V_2^{\gamma-1} = T_3 V_3^{\gamma-1}$$

$$\left(\frac{V_2}{V_3} \right)^{\gamma-1} = \frac{T_3}{T_2} = \frac{T_1}{T_2} = \frac{V_1}{V_2} = \frac{1}{2}$$

$$\frac{V_2}{V_3} = \frac{2V_1}{V_3} = \left(\frac{1}{2} \right)^{\frac{1}{\gamma-1}}$$ 2分

$$\frac{V_1}{V_3} = \left(\frac{1}{2} \right)^{\frac{\gamma}{\gamma-1}} = \left(\frac{1}{2} \right)^{\frac{5}{2}}$$

$$Q_3 = \nu R T_1 \ln \frac{V_1}{V_3} = -8640 \text{(J)}$$ 2分

（2）净功：$W = Q_1 + Q_3 = 3825 \text{(J)}$ 1分

（3）$\eta = 1 - \dfrac{|Q_3|}{Q_1} = 30.7\%$

26．（本题 10 分）

解：（1）$a \rightarrow b$ 过程吸热

$$Q_{ab} = \nu C_V (T_b - T_a) = \frac{5}{2}(p_b V_b - p_a V_a) = \frac{5}{2}(p_b - p_a)V_a = 2.50 \times 10^4 \text{(J)}$$ 2分

$b \rightarrow c$ 过程吸热

$$Q_{bc} = \nu R T_b \ln \frac{V_c}{V_b} = p_b V_b \ln \frac{V_c}{V_b} = 1.04 \times 10^4 \text{(J)}$$ 2分

总吸热

$$Q = Q_{ab} + Q_{bc} = 3.54 \times 10^4 \text{(J)}$$ 2分

（2）$W = W_{bc} + W_{da} = Q_{bc} - p_a (V_d - V_a) = 5.40 \times 10^3 \text{(J)}$ 2分

（3）$\eta = \dfrac{W}{Q} = 15\%$ 2分

静 电 学

常 用 公 式

1. 静电场

库仑定律 $F = \dfrac{kq_1q_2}{r^2}e_r = \dfrac{q_1q_2}{4\pi\varepsilon_0 r^2}e_r$，电场强度 $E = \dfrac{F}{q_0}$，电力矩 $M = p \times E$

点电荷 q 的电场 $E = \dfrac{q}{4\pi\varepsilon_0 r^2}e_r$，电通量 $\Phi_e = \displaystyle\int_S E \cdot \mathrm{d}S$，高斯定律 $\displaystyle\oint_S E \cdot \mathrm{d}S = \dfrac{1}{\varepsilon_0}\sum q_{\mathrm{int}}$

典型静电场：

> 均匀带电球面 $E = 0$（球面内），$E = \dfrac{q}{4\pi\varepsilon_0 r^2}e_r$（球面外）
>
> 均匀带电球体 $E = \dfrac{q}{4\pi\varepsilon_0 R^3}r = \dfrac{\rho}{3\varepsilon_0}r$（球体内），$E = \dfrac{q}{4\pi\varepsilon_0 r^2}e_r$（球体外）
>
> 无限长导线 $E = \dfrac{\lambda}{2\pi\varepsilon_0 r}$（方向垂直于导线）
>
> 无限大平面 $E = \dfrac{\sigma}{2\varepsilon_0}$（方向垂直于带电平面）

2. 电势

$\varphi_1 - \varphi_2 = \displaystyle\int_{(p_1)}^{(p_2)} E \cdot \mathrm{d}r$，电势 $\varphi_p = \displaystyle\int_{(p)}^{(p_0)} E \cdot \mathrm{d}r$

点电荷 $\varphi = \dfrac{q}{4\pi\varepsilon_0 r}$，连续带电体 $\varphi = \displaystyle\int \dfrac{\mathrm{d}q}{4\pi\varepsilon_0 r}$

$$E = -\operatorname{grad}\varphi = -\nabla\varphi = -\left(\dfrac{\partial\varphi}{\partial x}i - \dfrac{\partial\varphi}{\partial y}j - \dfrac{\partial\varphi}{\partial z}k\right)$$

电势能 $W = q\varphi$

移动电荷电场力做的功 $A_{12} = q(\varphi_1 - \varphi_2) = W_1 - W_2$

电荷系的静电能 $W = \dfrac{1}{2}\displaystyle\sum_{i=1}^{n} q_i\varphi_i$ 或 $W = \dfrac{1}{2}\displaystyle\int_q \varphi\,\mathrm{d}q$

静电场的能量 $W = \displaystyle\int_V w_e\,\mathrm{d}V$，电场能量体密度 $w_e = \dfrac{\varepsilon_0 E^2}{2}$

3. 电容器和电介质

电容：$C = Q/U$，平板电容器：$C = \varepsilon_0 S/d$

电容器并联 $C = \sum C_i$，串联 $C = 1 \Big/ \sum (1/C_i)$

电介质对电场的影响 $U = U_0/\varepsilon_r , E = E_0/\varepsilon_r , C = \varepsilon_r C_0$

D 矢量：$D = \varepsilon_0 \varepsilon_r E = \varepsilon E , D$ 的高斯定律 $\oint_S D \cdot dS = q_{0,\text{int}}$

电容器的能量 $W = \dfrac{1}{2}\dfrac{Q^2}{C} = \dfrac{1}{2}CU^2 = \dfrac{1}{2}QU$

电介质中电场的能量密度 $w_e = \dfrac{1}{2}\varepsilon_0 \varepsilon_r E^2 = \dfrac{1}{2}\varepsilon E^2 = \dfrac{1}{2}DE$

单元测试（一）

一、选择题（共 30 分，每小题 3 分）

1. 两个带有等量的同号电荷、形状相同的金属球 1 和 2，相互作用力为 F，它们之间的距离远大于小球本身的直径。现在用一个带有绝缘柄的不带电的相同金属小球 3 和小球 1 接触，再和小球 2 接触，然后移去，这样小球 1 和 2 之间的作用力变为（　　）。

(A) $F/2$ (B) $F/4$

(C) $3F/8$ (D) $F/10$

2. 一长直导线横截面半径为 a，导线外同轴地套一半径为 b 的导体薄圆环筒，两者相互绝缘，并外筒接地，如图 3-1-1 所示。设导线单位长度的带电量为 λ，并设地的电势为零，则两导体之间的 P 点（$OP = r$）的场强大小和电势分别为（　　）。

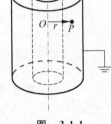

图　3-1-1

(A) $E = \dfrac{\lambda}{4\pi\varepsilon_0 r^2} , U = \dfrac{\lambda}{2\pi\varepsilon_0}\ln\dfrac{b}{a}$ (B) $E = \dfrac{\lambda}{4\pi\varepsilon_0 r^2} , U = \dfrac{\lambda}{2\pi\varepsilon_0}\ln\dfrac{b}{r}$

(C) $E = \dfrac{\lambda}{2\pi\varepsilon_0 r} , U = \dfrac{\lambda}{2\pi\varepsilon_0}\ln\dfrac{a}{r}$ (D) $E = \dfrac{\lambda}{2\pi\varepsilon_0 r} , U = \dfrac{\lambda}{2\pi\varepsilon_0}\ln\dfrac{b}{r}$

3. 在静电场中，下列说法正确的是（　　）。

(A) 带正电荷的导体，其电势一定是正值

(B) 等势面上各点的场强一定相等

(C) 在导体表面附近处的场强，是由该表面上的电荷 σ 产生的，与空间其他地方的电荷无关

(D) 一个孤立的带电导体，表面的曲率半径越大处，电荷密度越小

4. 一平行板电容器与电源相连，电源端电压 U，电容器极板间距离为 d，电容器中充满两块大小相同、介电常数分别为 ε_1 和 ε_2 的均匀电介质板，如图 3-1-2 所示，则左右两侧电介质中的电位移 D 的大小分别为（　　）。

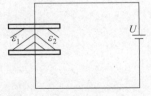

图　3-1-2

(A) $D_1 = D_2 = \dfrac{\varepsilon_0 U}{d}$ (B) $D_1 = \dfrac{\varepsilon_1 U}{d} , D_2 = \dfrac{\varepsilon_2 U}{d}$

(C) $D_1 = \dfrac{\varepsilon_0 \varepsilon_1 U}{d} , D_2 = \dfrac{\varepsilon_0 \varepsilon_2 U}{d}$ (D) $D_1 = \dfrac{U}{\varepsilon_1 d} , D = \dfrac{U}{\varepsilon_2 d}$

5. 在一点电荷产生的电场中,以点电荷处为球心作一球形封闭面,电场中有一块对球心不对称的电介质,则(　　)。

(A) 高斯定理成立,并可用其求出封闭面上各点的电场强度

(B) 高斯定理成立,但不能用其求出封闭面上各点的电场强度

(C) 高斯定理不成立

(D) 即使电介质对称分布,高斯定理也不成立

6. 如图 3-1-3 所示,半径为 R 的均匀带电球体的静电场中各点的电场强度的大小 E 与距球心的距离 r 的关系曲线为(　　)。

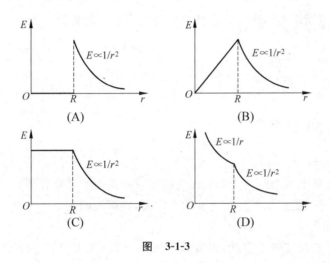

图 3-1-3

7. 一不带电的导体球壳半径为 R,在球心处放一点电荷,测得球壳内外的电场。然后将此点电荷移至距球心 $R/2$ 处,重新测量电场。试问电荷的移动对电场的影响为下列哪种情况?(　　)

(A) 对球壳内外电场均无影响

(B) 球壳内电场改变,球壳外电场不变

(C) 球壳内电场不变,球壳外电场改变

(D) 球壳内外电场均改变

8. 真空中有一均匀带电的球体和一均匀带电球面,如果它们的半径和所带的总电量都相等,则它们的静电能有如下关系:(　　)。

(A) 球体的静电能等于球面的静电能

(B) 球体的静电能大于球面的静电能

(C) 球体的静电能小于球面的静电能

(D) 不能确定

9. 在点电荷 $+q$ 的电场中,若取图 3-1-4 中 P 点处为电势零点,则 M 点的电势为(　　)。

(A) $\dfrac{q}{4\pi\varepsilon_0 a}$　　　　(B) $\dfrac{q}{8\pi\varepsilon_0 a}$　　　　(C) $\dfrac{-q}{4\pi\varepsilon_0 a}$　　　　(D) $\dfrac{-q}{8\pi\varepsilon_0 a}$

10. 如图 3-1-5 所示,一半径为 a 的"无限长"圆柱面上均匀带电,其电荷线密度为 λ。在它外面同轴地套一半径为 b 的薄金属圆筒,圆筒原先不带电,但与地连接。设地的电势为

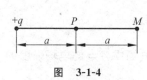

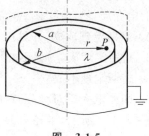

图 3-1-4   图 3-1-5

零,则在内圆柱面里面距离轴线为 r 的 P 点的场强大小和电势分别为(　　)。

(A) $E=0,U=\dfrac{\lambda}{2\pi\varepsilon_0}\ln\dfrac{a}{r}$ (B) $E=0,U=\dfrac{\lambda}{2\pi\varepsilon_0}\ln\dfrac{b}{a}$

(C) $E=\dfrac{\lambda}{2\pi\varepsilon_0 r},U=\dfrac{\lambda}{2\pi\varepsilon_0}\ln\dfrac{b}{r}$ (D) $E=\dfrac{\lambda}{2\pi\varepsilon_0 r},U=\dfrac{\lambda}{2\pi\varepsilon_0}\ln\dfrac{b}{a}$

二、填空题(共 30 分)

11. (本题 3 分)

两个大的平行导电板相距为 10cm,在它们相对的两面上带有等值异号电荷。一个电子放在两板间的中点处,受到 1.6×10^{-15} N 的力作用,则两板间的电势差是_____。

12. (本题 4 分)

设有一无限长的均匀带电直线,电荷线密度为 $+\lambda$。A、B 两点到直线的距离分别为 a 和 b,如图 3-1-6 所示,则 A、B 两点之间的电势差为_____。将一试验电荷 q_0 由 A 点移到 B 点,电场力所做的功为_____。

13. (本题 4 分)

A、B 为靠得很近的两块平行的大金属板,两板的面积为 S,板间的距离为 d。今使 A 板和 B 板带电量分别为 q_A、q_B,且 $q_A>q_B$,则 A 板的内侧带电量为_____;两极板间的电势差 $U_{AB}=$_____。

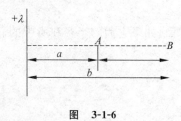

图 3-1-6

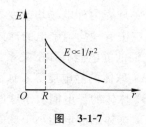

图 3-1-7

14. (本题 3 分)

图 3-1-7 所示曲线,表示某种球对称性静电场的场强大小 E 随径向距离 r 变化的关系。试指出该电场是由哪一种带电体产生的:_____。

15. (本题 4 分)

一半径为 R 的薄金属球壳,内部充满相对介电常数为 ε_r 的均匀电介质,则其电容 $C=$_____,若金属球带电量为 Q,则电场能量为_____。

16．（本题 5 分）

真空中一半径为 R 的均匀带电球面带有电荷 $Q(Q>0)$，今在球面上挖去非常小的一块面积 ΔS（连同电荷），如图 3-1-8 所示，假设不影响其他处原来的电荷分布，则挖去 ΔS 后球心处电场强度的大小 $E=$ _____，其方向为 _____。

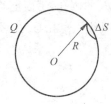

17．（本题 3 分）

一半径为 R 的均匀带电圆环，电荷线密度为 λ，设无穷远处为电势零点，则圆环中心 O 点的电势 $U=$ _____。

图 3-1-8

18．（本题 4 分）

一任意形状的带电导体，其电荷面密度分布为 $\sigma(x,y,z)$，则在导体表面外附近任意点处的电场强度大小 $E(x,y,z)=$ _____，其方向 _____。

三、计算题（共 40 分）

19．（本题 4 分）

如图 3-1-9 所示球形金属腔带电量为 $Q>0$，内半径为 a，外半径为 b，腔内离球为 r 处有一点电荷 q，求球心的电势。

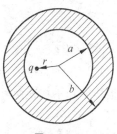

图 3-1-9

20．（本题 7 分）

要把四个点电荷聚集到如图 3-1-10 所示的位置，外力需做多少功？

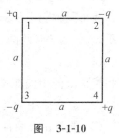

图 3-1-10

21．（本题 6 分）

如图 3-1-11 所示，一无限大的平面，开有一个半径为 R 的圆孔，平面上均匀带电，电荷面密度为 σ。求此孔的轴线上离孔心为 r 处的场强。

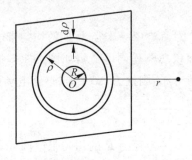

图 3-1-11

22．（本题 8 分）

半径为 R 的带电球体内各点处所带电荷的体密度 $\rho = A/r$，其中 A 为常数，r 为该点到球心的距离，试求：

（1）球内、外空间场强的分布；（2）空间中场强最大处距球心的距离及场强的最大值；（3）球内、外空间电势的分布。

23．（本题 7 分）

把原来不带电的金属板 B 移近一块已带有正电荷 Q 的金属板 A，且两者平行放置。在 B 板接地和不接地两种情况下，分别计算两板间的电势差和电场能量。

24．（本题 8 分）

两个同轴无限长圆柱面，半径分别为 a 和 b，两圆柱面之间充有介电常数为 ε 的均匀电介质，取长为 l 时两圆柱面带有等量异号电荷 $+Q$ 和 $-Q$。求：

（1）在半径为 $r(a < r < b)$、厚度为 dr、长度为 l 的圆柱薄壳中任一点处，电场的能量密度和整个薄壳中的能量；

（2）电介质中的总能量；

（3）能否由此总能量推算出圆柱形电容器的电容？

单元测试（二）

一、选择题（共 30 分，每小题 3 分）

1. 下列说法中哪一个是正确的？（ ）

(A) 场强大的地方电势一定高

(B) 电势高的地方，电场强度一定较大；电场强度小的地方，电势一定较低

(C) 等势面上各点场强的大小一定相等

(D) 场强大小相等的地方，电势梯度一定相等

2. 一平行板电容器，两极板相距 d，对它充电后把电源断开，然后把电容器两极板之间的距离增大到 $2d$，如果电容器内电场边缘效应忽略不计，则（ ）。

(A) 电容器的电容增大一倍

(B) 电容器所带的电量增大一倍

(C) 电容器两极板间的电场强度增大一倍

(D) 储存在电容器中的电场能量增大一倍

3. 如图 3-2-1 所示，一无限大均匀带电平面附近放置一与之平行的无限大导体平板。已知带电平面的电荷面密度为 σ，导体板两表面 1 和 2 的感应电荷面密度为（ ）。

(A) $\sigma_1 = -\sigma, \sigma_2 = +\sigma$ (B) $\sigma_1 = -\dfrac{\sigma}{2}, \sigma_2 = +\dfrac{\sigma}{2}$

(C) $\sigma_1 = +\sigma, \sigma_2 = -\sigma$ (D) $\sigma_1 = +\dfrac{\sigma}{2}, \sigma_2 = -\sigma$

4. 设带负电的小球 A、B、C，它们的电量的比为 $1:3:5$，三球均在同一直线上，A、C 固定不动，而 B 也不动时，BA 与 BC 间的比值为（ ）。

(A) $1:5$ (B) $5:1$ (C) $1:\sqrt{5}$ (D) $\sqrt{5}:1$

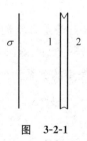

图 3-2-1

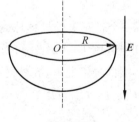

图 3-2-2

5. 如图 3-2-2 所示，在场强为 E 的匀强电场中取一半球面，其半径为 R，电场强度 E 的方向与半球面的轴平行，则通过这个半球面的电通量为（ ）。

(A) $\pi R^2 E$ (B) $2\pi R^2 E$ (C) $\sqrt{2}\pi R^2 E$ (D) $\dfrac{1}{\sqrt{2}}\pi R^2 E$

6. 一半径为 R 的导体球表面的面电荷密度为 σ，在距球面为 R 处，电场强度为（ ）。

(A) $\dfrac{\sigma}{16\varepsilon_0}$ (B) $\dfrac{\sigma}{8\varepsilon_0}$ (C) $\dfrac{\sigma}{4\varepsilon_0}$ (D) $\dfrac{\sigma}{2\varepsilon_0}$

7. 如图 3-2-3 所示,在一直线上的三点 A、B、C 的电势 $V_a > V_b > V_c$,若将一负电荷放在 B 点,则此电荷将(　　)。

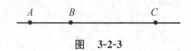

图　3-2-3

（A）向 A 点加速运动   （B）向 A 点匀速移动

（C）向 C 点加速运动   （D）向 C 点匀速移动

8. 在坐标原点放一正电荷 Q,如图 3-2-4 所示,它在 P 点($x=+1$,$y=0$)产生的电场强度为 E。现在,另外有一个负电荷 $-2Q$,试问应将它放在什么位置才能使 P 点的电场强度等于零?(　　)

（A）x 轴上,$x > 1$ （B）x 轴上,$0 < x < 1$

（C）x 轴上,$x < 0$ （D）y 轴上,$y > 0$

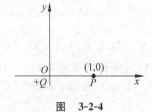

图　3-2-4

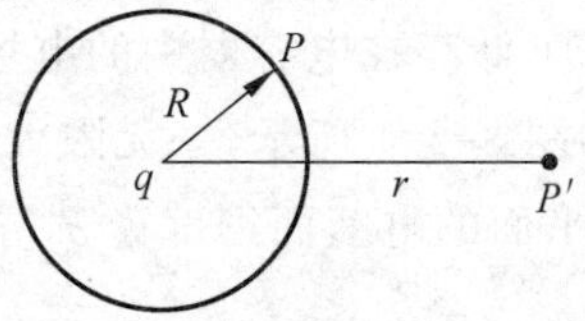

图　3-2-5

9. 如图 3-2-5 所示,在点电荷 q 的电场中,选取以 q 为中心、R 为半径的球面上一点 P 处作电势零点,则与点电荷 q 距离为 r 的点 P' 的电势为(　　)。

(A) $\dfrac{q}{4\pi\varepsilon_0 r}$ (B) $\dfrac{q}{4\pi\varepsilon_0}\left(\dfrac{1}{r}-\dfrac{1}{R}\right)$

(C) $\dfrac{q}{4\pi\varepsilon_0(r-R)}$ (D) $\dfrac{q}{4\pi\varepsilon_0}\left(\dfrac{1}{R}-\dfrac{1}{r}\right)$

10. 设有一个带正电的导体球壳,当球壳内充满电介质、球壳外是真空时,球壳外一点的场强大小和电势用 E_1、U_1 表示;而球壳内、外均为真空时,壳外一点的场强大小和电势用 E_2、U_2 表示。则两种情况下,壳外同一点处的场强大小和电势大小的关系为(　　)。

（A）$E_1 = E_2$,$U_1 = U_2$ （B）$E_1 = E_2$,$U_1 > U_2$

（C）$E_1 > E_2$,$U_1 > U_2$ （D）$E_1 < E_2$,$U_1 < U_2$

二、填空题(共 30 分)

11. (本题 3 分)

真空中,沿 Ox 轴正方向分布着电场,电场强度为 $\boldsymbol{E} = bx\boldsymbol{i}$($b$ 为正的恒量)。如图 3-2-6 所示,作一边长为 a 的正方形高斯面,则通过高斯面右侧面 S_1 的电通量 $\Phi_1 = $ _____;通过上表面 S_2 的电通量 $\Phi_2 = $ _____;立方体内的电荷 $Q = $ _____。

12.（本题 3 分）

空心导体球壳，外半径为 R_2，内半径为 R_1，中心有点电荷 q，球壳上的总电荷为 q，以无限远为电势零点，则导体球壳的电势为_____。

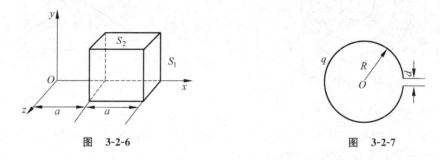

图　3-2-6　　　　　　　　　　　　　　图　3-2-7

13.（本题 4 分）

一均匀带电细圆环，半径为 R，总电量为 q，环上有一极小的缺口，缺口长度为 d（$d \ll R$），如图 3-2-7 所示。细圆环在圆心处产生的场强大小 $E=$_____，方向为_____。

14.（本题 4 分）

一实心金属导体，不论原先是否带电，当它处在其他带电体所产生的电场中而达到静电平衡时，其上的电荷必定分布在_____，导体表面的电场强度 E 必定沿_____，导体内任一点的电势梯度 $\mathrm{grad}\,U=$_____。

15.（本题 6 分）

两个平行的"无限大"均匀带电平面，其电荷面密度分别为 $+\sigma$ 和 $+2\sigma$，如图 3-2-8 所示，则 A、B、C 三个区域的电场强度分别为 $E_A=$_____，$E_B=$_____，$E_C=$_____（设方向向右为正）。

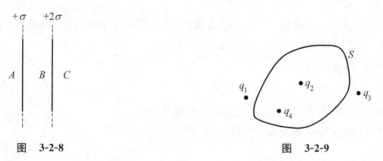

图　3-2-8　　　　　　　　　　　　　　图　3-2-9

16.（本题 4 分）

点电荷 q_1、q_2、q_3 和 q_4 在真空中的分布如图 3-2-9 所示。图中 S 为闭合曲面，则通过该闭合曲面的电场强度通量 $\oint_S \boldsymbol{E} \cdot \mathrm{d}\boldsymbol{S}=$_____，式中的 $\boldsymbol{E}$ 是点电荷_____在闭合曲面上任一点产生的场强的矢量和。

17.（本题 4 分）

带有电荷 q、半径为 r_A 的金属球 A，与原先不带电、内外半径分别为 r_B 和 r_C 的金属球壳 B 同心放置，如图 3-2-10 所示，则图中 P 点的电场强度 $\boldsymbol{E}=$_____。如果用导线将 A、B 连接起来，则 A 球的电势 $U=$_____。（设无穷远处电势为零）

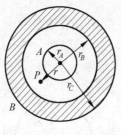

图　3-2-10

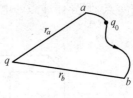

图　3-2-11

18.（本题 2 分）

如图 3-2-11 所示,在电荷为 q 的点电荷的静电场中,将一电荷为 q_0 的试验电荷从 a 点经任意路径移动到 b 点,电场力所做的功 $A=$ _____。

三、计算题（共 40 分）

19.（本题 5 分）

如图 3-2-12 所示,一个半径为 R 的半圆环,均匀带电 $+Q$。半圆环中心 O 点的电场强度大小为多少? 方向如何?

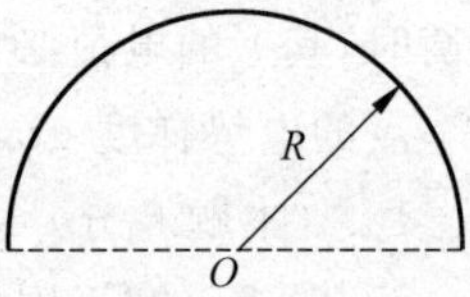

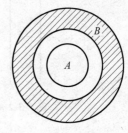

图　3-2-12

20.（本题 6 分）

如图 3-2-13 所示,金属球 A 和同心金属球壳 B 原来不带电,试分别讨论下列几种情况下场强和电势的分布情况以及 A、B 之间的电势差:

（1）使球壳 B 带正电;

（2）使球 A 带正电;

（3）A、B 分别带等量异号电荷,且内球 A 带正电;

（4）A、B 分别带等量异号电荷,且内球 A 带负电。

图　3-2-13

21.（本题 6 分）

同心球形电容器内外半径分别为 R_1 和 R_2。两球间充满相对介电常数为 ε_r 的均匀介质,内球带电量为 Q,外球带电量为 $-Q$,求:

（1）电容器内外各处场强 E 和电势差 U;

　　(2) 介质表面的极化电荷面密度 σ'；

　　(3) 电容 C（它是真空时电容 C_0 的多少倍）。

22.（本题 6 分）

　　如图 3-2-14 所示，一平行板电容器极板面积为 S，间距为 d，板间充满两种介电常数分别为 ε_1 和 ε_2 的介质，其电容为多少？ 如果两介质尺寸相同，电容又为多少？

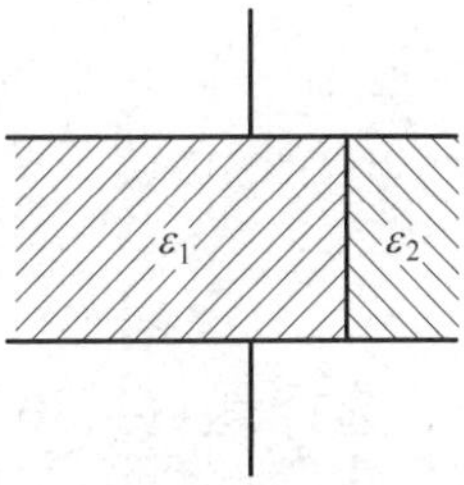

图　**3-2-14**

23.（本题 6 分）

　　一均匀带电细杆，长 $l=15\text{cm}$，线电荷密度 $\lambda=2.0\times10^{-7}\text{C/m}$。求：（1）细杆延长线上与杆的一端相距为 $a=5.0\text{cm}$ 处的电势；(2)细杆中垂线上与细杆相距 $b=5.0\text{cm}$ 处的电势。

24.（本题 6 分）

　　如图 3-2-15 所示，三个相互平行的单体平板 A、B、C 的面积都是 0.02m^2，A 与 B 相距 $4\times10^{-3}\text{m}$，A 与 C 相距 $2\times10^{-3}\text{m}$，B 和 C 两板接地，若 A 板带正电荷 $3\times10^{-7}\text{C}$。问：（1）B、C 两板上的感应电荷各为多少？（2）A 板的电势多大？

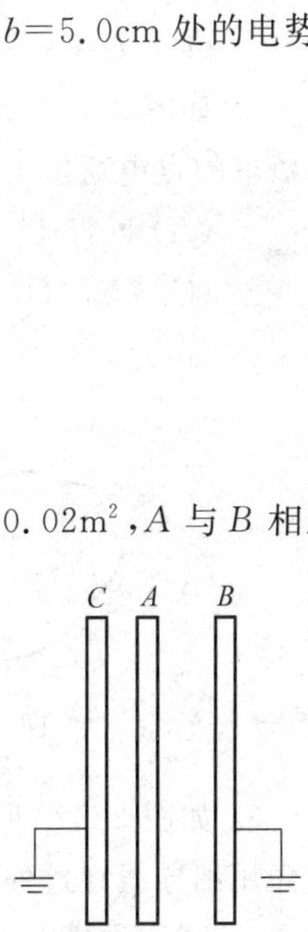

图　**3-2-15**

25. （本题 5 分）

电荷以相同的面密度 σ 分布在半径为 $r_1 = 10\mathrm{cm}$ 和 $r_2 = 20\mathrm{cm}$ 的两个同心球面上。设无限远处电势为零，球心处的电势为 $U_0 = 300\mathrm{V}$。

（1）求电荷面密度 σ；

（2）若使球心处的电势也为零，外球面上应放掉多少电荷？已知 $\varepsilon_0 = 8.85 \times 10^{-12}\,\mathrm{C}^2 /$ $(\mathrm{N} \cdot \mathrm{m}^2)$。

单元测试（三）

一、选择题（共 30 分，每小题 3 分）

1. 以下说法正确的是（　　）。

（A）如果高斯面上的 E 处处为零，则高斯面内必无电荷

（B）如果高斯面上的 E 处处不为零，则高斯面内必有电荷

（C）如果高斯面内电荷的代数和为零，则高斯面上的 E 处处为零

（D）如果高斯面内电荷的代数和为零，则此高斯面上的电通量 Φ_e 等于零

2. 如图 3-3-1 所示，带负电的物体 A 附近有两点 M 和 N，电势分别为 U_M 和 U_N，另一带负电的点电荷位于该两点时所具有的电势能分别为 W_M 和 W_N，则（　　）。

（A）$U_M > U_N, W_M > W_N$　　　　　　（B）$U_M > U_N, W_M < W_N$

（C）$U_M < U_N, W_M > W_N$　　　　　　（D）$U_M < U_N, W_M < W_N$

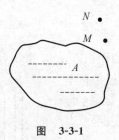

图　3-3-1

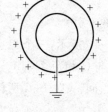

图　3-3-2

3. 如图 3-3-2 所示，两同心金属球壳，它们离地球很远。如果外球壳上带正电 q，当内球壳用细导线穿过外球壳上的绝缘小孔与地连接，则内球壳（　　）。

（A）不带电荷

（B）带正电荷

（C）带负电荷

（D）球壳外表面带负电荷，内表面带等量正电荷

4. 正方形的两对角处各置电荷 Q,其余两角处各置电荷 q,若 Q 所受的合力为零,则 Q 与 q 的关系为(　　)。

(A) $Q=-2\sqrt{2}q$　　　(B) $Q=2\sqrt{2}q$　　　(C) $Q=-2q$　　　(D) $Q=2q$

5. 有两个带电量不同的金属球直径相等,一个是中空的,另一个是实心的,现使它们互相接触,则此两导体球上的电荷(　　)。

(A) 不变化　　　(B) 平均分配　　　(C) 不平均分配　　　(D) 不确定

6. 电量 Q 均匀分布在半径为 R_1 和 R_2 的球壳之间,则距球心为 r 处($R_1<r<R_2$)的电场强度为(　　)。

(A) $\dfrac{Q}{4\pi\varepsilon R_1^2}$　　　　　　　　　　(B) $\dfrac{Q}{4\pi\varepsilon R_2^2}$

(C) $\dfrac{Q}{4\pi\varepsilon(R_2-r)^2}$　　　　　　　(D) $\dfrac{Q(r^3-R_1^3)}{4\pi\varepsilon r^2(R_2^3-R_1^3)}$

7. 半径为 r 的金属球带有电荷 q,球外有一半径为 R 的同心球壳,带有电荷 Q,则两球的电位差是(　　)。

(A) $kq\left(\dfrac{1}{r}-\dfrac{1}{R}\right)$　　　　　　　(B) $kQ\left(\dfrac{1}{r}-\dfrac{1}{R}\right)$

(C) $\dfrac{kq}{Rr}$　　　　　　　　　　　(D) $k\left(\dfrac{q}{r}-\dfrac{Q}{R}\right)$

8. 一电场强度为 E 的均匀电场,E 的方向沿 x 轴正向,如图 3-3-3 所示。则通过图中一半径为 R 的半球面的电场强度通量为(　　)。

(A) $\pi R^2 E$　　　　(B) $\pi R^2 E/2$　　　　(C) $2\pi R^2 E$　　　　(D) 0

9. 如图 3-3-4 所示,一"无限大"带负电荷的平面,若设平面所在处为电势零点,取 x 轴垂直电平面,原点在带电平面处,则其周围空间各点电势 U 随距离平面的位置坐标 x 变化的关系曲线为(　　)。

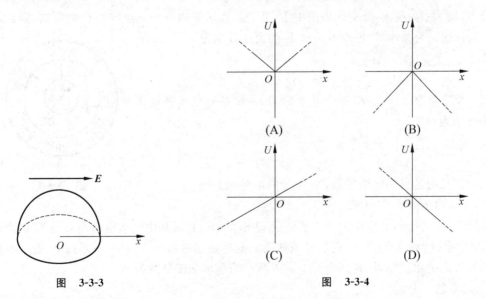

图 3-3-3　　　　　　　　　　　　　　图 3-3-4

10. 有一接地的金属球,用一弹簧吊起,金属球原来不带电。若在它的下方放置一电量为 q 的点电荷,如图 3-3-5 所示,则(   )。

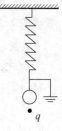

   (A) 只有当 $q>0$ 时,金属球才下移

   (B) 只有当 $q<0$ 时,金属球才下移

   (C) 无论 q 是正是负金属球都下移

   (D) 无论 q 是正是负金属球都不动

二、填空题(共 30 分)

图 3-3-5

11. (本题 4 分)

如图 3-3-6 所示,将试验电荷 $+q$ 由半径为 R、电荷线密度为 $+\lambda$ 的半圆环的环心处沿 Oy 轴正方向移动到无穷远处。在此过程中,电场力所做功为_____;在 O 点处 $+q$ 所受的电场力 $\boldsymbol{F} = $ _____。(选择无穷远处为电势零点。)

12. (本题 2 分)

两带电导体球半径分别为 R 和 r($R>r$),它们相距很远,用一根导线连接起来,则两球表面的电荷面密度之比,即 $\sigma_R : \sigma_r$ 为_____。

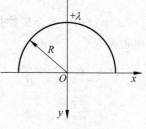

图 3-3-6

13. (本题 3 分)

一平行板电容器电容为 C,带电量为 q,则电容器存储的能量为_____;若将极板拉开到原距离的两倍,则存储的电场能量变为原来的_____倍。

14. (本题 9 分)

如图 3-3-7 所示,半径为 R 的导体球 A 带电 Q,球外套一内外半径分别为 R_1、R_2 的同心球壳 B,设 r_1、r_2、r_3、r_4 分别代表图中 I、II、III、IV 区域内任一点至球心 O 的距离,则:

(1) 若球壳为导体时,各点电位移 D 的大小分别为

$D_1 = $ _____;$D_2 = $ _____;

$D_3 = $ _____;$D_4 = $ _____。

(2) 若球壳为介质壳,相对介电常数为 ε_r,则各点电场强度 E 的大小分别为

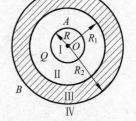

$E_1 = $ _____;$E_2 = $ _____;

$E_3 = $ _____;$E_4 = $ _____。

此时以无穷远点为电势零点,则 A 球的电势为 $U = $ _____。

图 3-3-7

15. (本题 3 分)

如图 3-3-8 所示,真空中两个正点电荷 Q 相距 $2R$,若以其中一点电荷所在处 O 点为中心,以 R 为半径做高斯球面 S,则通过该球面的电场强度通量=_____;若以 r_0 表示高斯面外法线方向的单位矢量,则高斯面上 a、b 两点的电场强度分别为_____。

16. (本题 3 分)

在点电荷 $+q$ 和 $-q$ 的静电场中,作出如图 3-3-9 所示的三个闭合面 S_1、S_2、S_3,则通过

这些闭合面的电场强度通量分别是：$\Phi_1 = $_____，$\Phi_2 = $_____，$\Phi_3 = $_____。

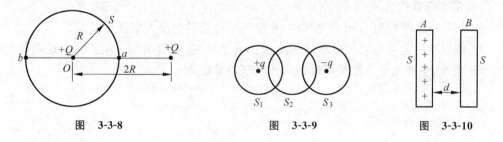

图 3-3-8　　　　　　　图 3-3-9　　　　　　　图 3-3-10

17.（本题 4 分）

如图 3-3-10 所示，把一块原来不带电的金属板 B 移近一块带有正电荷 Q 的金属板 A，平行放置。设两板面积都是 S，板间距离为 d，忽略边缘效应。当 B 板不接地时，两板间电势差 $U_{AB} = $_____；$B$ 板接地时两板间电势差 $U_{AB} = $_____。

18.（本题 2 分）

两点电荷在真空中相距为 r_1 时的相互作用力等于它们在某一"无限大"各向同性均匀介质中相距为 r_2 的相互作用力，则该电介质的相对介电常数 $\varepsilon_r = $_____。

三、计算题（共 40 分）

19.（本题 4 分）

有一个带正电荷的大导体，欲测量其附近一点 P 处的电场强度，将一带电量为 q_0（$q_0 > 0$）的点电荷放在 P 点，测得 q_0 所受的电场力为 F，若 q_0 不是足够小，则比值 F/q_0 与 P 点的电场强度比较，是大、是小，还是正好相等？

20.（本题 4 分）

如图 3-3-11 所示，一点电荷 q 位于一立方体中心，立方体边长为 a，则通过立方体一面的电通量是多少？如果将电荷移动到立方体的一个角上，这时通过立方体每面的电通量分别是多少？

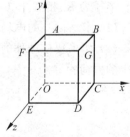

图　3-3-11

21. （本题 6 分）

空气击穿场强约为 $3 \times 10^6 \, N/C$。

（1）估算一个半径为 1cm 的金属球，在空气中能容纳的最大电量是多少。

（2）假设这一电量在空气中形成的电场使电子加速，获得动能 $4 \times 10^{-17} J$，这能量可将空气分子电离，估算电子一般要经过多远才能获得动能。

22. （本题 8 分）

如图 3-3-12 所示，一个均匀体分布的带正电球壳，电荷密度为 ρ，球壳内表面半径为 R_1，球壳外表面半径为 R_2，求 A 点和 B 点的电势。（其到球心距离分别为 r_A、r_B。）

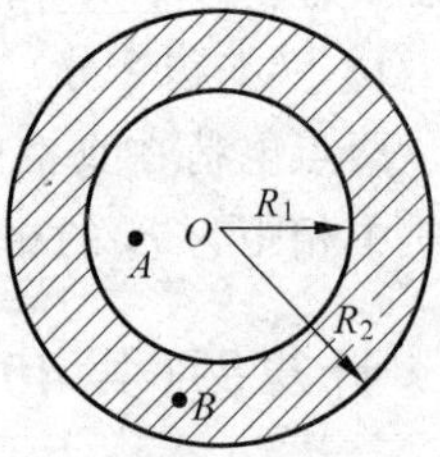

图 3-3-12

23. （本题 6 分）

如图 3-3-13 所示，在半径为 R 的均匀带电球体中，挖去以 O' 为中心、半径为 r 的小球体，设 O' 至原球心 O 之间的距离为 a，且满足 $(a+r) < R$，带电部分电荷体密度为 ρ。求空腔中任一点 P 处的场强。

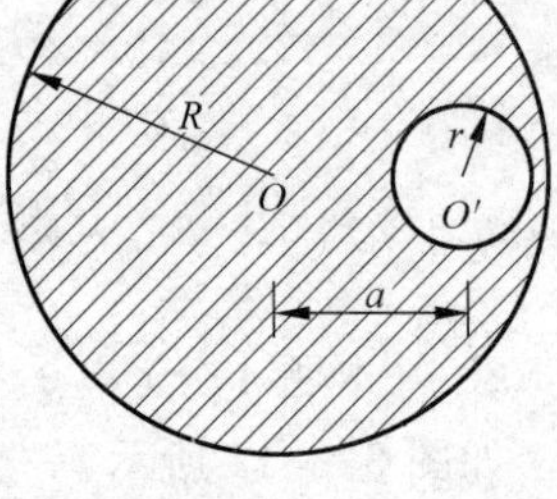

图 3-3-13

24. （本题 6 分）

半径为 R、相对介电常数为 ε_r 的均匀介质球中心放有点电荷 Q，球外是空气。

（1）求球内外的电场强度 E 和电势 U 的分布；

（2）如果要使球外的电场强度为零且球内的电场强度不变，则球面上需要有面密度为多少的电荷？

25. (本题 6 分)

如图 3-3-14 所示,平行板电容器的极板电容器的极板面积为 S,极板间距为 d,中间充有厚度分别为 d_1 和 $d_2(d=d_1+d_2)$ 的两层电介质,其相对介电常数分别为 ε_{r1} 和 ε_{r2},试计算系统的电容。如果 $d_1=d_2$,其电容又是多大?

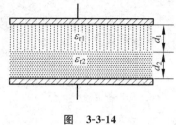

图 3-3-14

单元测试(一)答案

一、选择题(共 30 分,每小题 3 分)

题号	1	2	3	4	5	6	7	8	9	10
答案	C	D	D	B	B	B	B	B	D	B

二、填空题(共 30 分)

11. (本题 3 分)

    $1.0\times10^3\,\mathrm{V}$ 3 分

12. (本题 4 分)

    $\dfrac{\lambda}{2\pi\varepsilon_0}\ln\dfrac{b}{a}$ 2 分

    $\dfrac{q_0\lambda}{2\pi\varepsilon_0}\ln\dfrac{b}{a}$ 2 分

13. (本题 4 分)

    $\dfrac{1}{2}(q_A-q_B)$ 2 分

    $\dfrac{d}{2\varepsilon_0 S}(q_A-q_B)$ 2 分

14. (本题 3 分)

    半径为 R 的均匀带电球面   3 分

15. (本题 4 分)

    $C=4\pi\varepsilon_0 R$ 2 分

    $W_e=\dfrac{Q^2}{2C}=\dfrac{Q^2}{8\pi\varepsilon_0 R}$ 2 分

16. (本题 5 分)

$$\frac{Q\Delta S}{16\pi^2\varepsilon_0 R^4}$$ 3 分

由圆心 O 点指向 ΔS 2 分

17. (本题 3 分)

$$\frac{\lambda}{2\varepsilon_0}$$ 3 分

18. (本题 4 分)

$\sigma(x,y,z)/\varepsilon_0$ 2 分

与导体表面垂直朝外($\sigma>0$)或与导体表面垂直朝里($\sigma<0$)   2 分

三、计算题(共 40 分)

19. (本题 4 分)

解:设无穷远处电势为零。利用高斯定理可证得:金属腔内表面所带的电量为 $-q$,因为电荷守恒,金属腔外表面所带电量为 $Q+q$,所以球心 O 的电势为

$$U_O = U_q + U_{-q} + U_{Q+q} = \frac{q}{4\pi\varepsilon_0 r} + \frac{-q}{4\pi\varepsilon_0 a} + \frac{Q+q}{4\pi\varepsilon_0 b}$$

$$= \frac{q}{4\pi\varepsilon_0}\left(\frac{1}{r} - \frac{1}{a} + \frac{1}{b}\right) + \frac{Q}{4\pi\varepsilon_0 b}$$ 4 分

20. (本题 7 分)

解:可以设想把四个点电荷逐个地从无穷远处移动到图示位置。先将第一个电荷 $+q$ 从无穷远处移动到图示位置,不需做功,即 $A_1=0$。再把第二个电荷 $-q$ 从无限远处移到图中位置,做功为

$$A_2 = -qU_{2\infty} = -\frac{q^2}{4\pi\varepsilon_0 a}$$ 2 分

然后把第 3 个电荷 $-q$ 从无限远处移到图中位置。做功为

$$A_3 = -qU_{3\infty} = \frac{q^2}{4\pi\varepsilon_0\sqrt{2}a} - \frac{q^2}{4\pi\varepsilon_0 a}$$ 2 分

最后把第 4 个电荷 $+q$ 从无限远处移到图中位置,做功为

$$A_4 = qU_{4\infty} = -\frac{q^2}{4\pi\varepsilon_0 a} + \frac{q^2}{4\pi\varepsilon_0\sqrt{2}a} - \frac{q^2}{4\pi\varepsilon_0 a}$$ 2 分

故为把四个电荷集中到图示位置,我们必须做功

$$A = A_1 + A_2 + A_3 + A_4 = \frac{q^2}{4\pi\varepsilon_0}\left(\frac{-1}{a} + \frac{1}{\sqrt{2}a} + \frac{-1}{a} + \frac{-1}{a} + \frac{1}{\sqrt{2}a} + \frac{-1}{a}\right)$$

$$= -0.21\frac{q^2}{\varepsilon_0 a}$$ 1 分

这个功转化为带电体系的静电能。

21. (本题 6 分)

解:在图中取以 O 为圆心、ρ 为半径、宽度为 $d\rho$ 的细圆环,其带电量为 $dq=\sigma2\pi\rho d\rho$,则该细圆环在轴线上离圆心 O 为 r 处产生的场强公式为

$$dE_r = \frac{1}{4\pi\varepsilon_0}\frac{\sigma 2\pi\rho d\rho r}{(\rho^2+r^2)^{3/2}} \qquad \text{3 分}$$

r 处总场强为

$$E_r = \int dE_r = \frac{1}{4\pi\varepsilon_0}\int_R^\infty \frac{\sigma 2\pi\rho d\rho r}{(\rho^2+r^2)^{3/2}} = \frac{\sigma r}{2\varepsilon_0(R^2+r^2)^{1/2}} \qquad \text{3 分}$$

本题亦可利用典型带电体场强叠加法求解。即可将 r 处的场强看作是无限大的均匀带电平面与半径为 R 的均匀带电(异号)圆盘分别产生场强的矢量叠加。

22.（本题 8 分）

解：(1) 先利用高斯定理求带电球体内外空间的场强分布。

当 $r<R$ 时,取半径为 r 的同心球面为高斯面,则有 $\oint_S E_{\text{int}}\cdot dS = \dfrac{\sum q}{\varepsilon_0}$

得

$$E_{\text{int}} = \frac{\sum q}{4\pi\varepsilon_0 r^2}, \qquad \sum q = \int_0^r 4\pi r^2\rho dr = \int_0^r \frac{A}{r}4\pi r^2 dr = A2\pi r^2$$

所以 $E_{\text{int}} = \dfrac{A}{2\varepsilon_0}$,方向沿径向。

当 $r>R$ 时,同理可得

$$E_{\text{ext}} = \frac{\sum q}{4\pi\varepsilon_0 r^2}, \qquad \sum q = \int_0^R \rho 4\pi r^2 dr = A2\pi R^2$$

所以 $E_{\text{ext}} = \dfrac{AR^2}{2\varepsilon_0 r^2}$,方向沿径向。 $\qquad$ 3 分

(2) 由场强分布可知,球体内部为均匀电场,而球外场强与 r^2 成反比,可见 r 等于R 时,场强 E 最大,即 $E = \dfrac{A}{2\varepsilon_0}$。 $\qquad$ 2 分

(3) 由电势定义式可知,$r<R$ 时,

$$U_{\text{int}} = \int_r^R E_{\text{int}}\cdot dr + \int_R^\infty E_{\text{ext}}\cdot dr = \frac{A}{2\varepsilon_0}\int_r^R dr + \int_R^\infty \frac{AR^2}{2\varepsilon_0 r^2}dr$$

$$= \frac{A(R-r)}{2\varepsilon_0} + \frac{AR}{2\varepsilon_0} = \frac{AR}{\varepsilon_0} - \frac{Ar}{2\varepsilon_0}$$

$r>R$ 时,

$$U_{\text{ext}} = \int_r^\infty E_{\text{ext}}\cdot dr = \int_r^\infty \frac{AR^2}{2\varepsilon_0 r^2}dr = \frac{AR^2}{2\varepsilon_0 r} \qquad \text{3 分}$$

23.（本题 7 分）

解：先看 B 板接地的情况。设板的面积为 S,板间距为 d,把系统视为平行板电容器,其电容为

$$C = \frac{\varepsilon_0 S}{d}$$

由电容器电容的公式可得

$$U_A - U_B = \frac{Q}{C} = \frac{Qd}{\varepsilon_0 S} \qquad \text{2 分}$$

电场能量为

$$W = \frac{1}{2}\frac{Q^2}{C} = \frac{Q^2 d}{2\varepsilon_0 S} \hspace{4cm} \text{1 分}$$

如果 B 板不接地，A、B 板的两表面上都有电荷，可以证明四个表面上所带电荷的大小都是 $Q/2$，所以 A、B 板间的电场强度为

$$E = \frac{\sigma}{\varepsilon_0} = \frac{Q}{2\varepsilon_0 S} \hspace{4cm} \text{2 分}$$

所以两板间的电势差为

$$U_A - U_B = Ed = \frac{Qd}{2\varepsilon_0 S} \hspace{4cm} \text{1 分}$$

两板间的电场能量为

$$W = w_e Sd = \frac{1}{2}\varepsilon_0 E^2 Sd = \frac{Q^2 d}{8\varepsilon_0 S} \hspace{3cm} \text{1 分}$$

24. （本题 8 分）

解： （1）电场能量密度为

$$w_e = \frac{1}{2}\varepsilon E^2 = \frac{1}{2}\varepsilon\left(\frac{\lambda}{2\pi\varepsilon r}\right)^2$$

因为 $\lambda = \dfrac{Q}{l}$，所以

$$w_e = \frac{Q^2}{8\pi^2 \varepsilon r^2 l^2}$$

整个薄壳中的能量为

$$\mathrm{d}W_e = w_e \mathrm{d}V = \frac{Q^2}{4\pi\varepsilon l}\frac{\mathrm{d}r}{r} \hspace{3cm} \text{3 分}$$

（2）电介质中总能量

$$W_e = \int \mathrm{d}W_e = \int_a^b \frac{Q^2}{4\pi\varepsilon l r}\mathrm{d}r = \frac{Q^2}{4\pi\varepsilon l}\ln\frac{b}{a} \hspace{2cm} \text{2 分}$$

（3）由于两同轴长为 l、内径为 a、外径为 b、电介质 ε、带电 Q 的圆柱面其能量全集中在同轴圆柱面间，所以也可用电容器的储能公式求得其总能量，即

$$\frac{1}{2}\frac{Q^2}{C} = \frac{Q^2}{4\pi\varepsilon l}\ln\frac{b}{a}$$

得

$$C = 2\pi\varepsilon l / \ln\frac{b}{a} \hspace{4cm} \text{3 分}$$

单元测试（二）答案

一、选择题（共 30 分，每小题 3 分）

题号	1	2	3	4	5	6	7	8	9	10
答案	D	D	B	C	A	C	A	C	B	A

二、填空题（共 30 分）

11.（本题 3 分）

$2a^3b$ 1 分

0 1 分

$\varepsilon_0 a^3 b$ 1 分

12.（本题 3 分）

$\dfrac{2q}{4\pi\varepsilon_0 R_2}$ 3 分

13.（本题 4 分）

$E = \dfrac{1}{8\pi^2\varepsilon_0}\dfrac{q}{R^3}d$ 3 分

方向由圆心指向缺口   1 分

14.（本题 4 分）

导体的表面   1 分

导体表面法线方向   1 分

0   2 分

15.（本题 6 分）

$-\dfrac{3\sigma}{2\varepsilon_0}$ 2 分

$-\dfrac{\sigma}{2\varepsilon_0}$ 2 分

$\dfrac{3\sigma}{2\varepsilon_0}$ 2 分

16.（本题 4 分）

$\dfrac{q_2 + q_4}{\varepsilon_0}$ 2 分

$q_1 \、 q_2 \、 q_3 \、 q_4$ 2 分

17.（本题 4 分）

$\dfrac{q\boldsymbol{r}}{4\pi\varepsilon_0 r^3}$ 2 分

$\dfrac{q}{4\pi\varepsilon_0 r_C}$ 2 分

18.（本题 2 分）

$\dfrac{q_0 q}{4\pi\varepsilon_0}\left(\dfrac{1}{r_a} - \dfrac{1}{r_b}\right)$ 2 分

三、计算题（共 40 分）

19.（本题 5 分）

解：如图 A3-1 所示，取电荷元

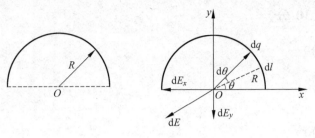

图　A3-1

$$dq = \frac{Q}{\pi R} R \, d\theta$$

则

$$dE_0 = \frac{1}{4\pi\varepsilon_0} \frac{dq}{R^2} = \frac{1}{4\pi\varepsilon_0} \frac{\frac{\theta}{\pi} d\theta}{R^2}$$ 2分

由对称性可知

$$\int dE_{0x} = 0$$

所以

$$E_0 = \int dE_{0y} = \int dE_0 \sin\theta = \int_0^\pi \frac{Q}{4\pi^2\varepsilon_0 R^2} \sin\theta \, d\theta = \frac{Q}{2\pi^2\varepsilon_0 R^2}$$ 3分

20.（本题6分）

答:（1）球壳 B 外表面以外空间中场强不为零,电势为正;球壳 B 外表面以内为等势体,场强为零;A、B 间的电势差为零。   2分

（2）A、B 之间和 B 外表面以外空间的场强不为零;空间各点电势都为正;A 球的电势高于球壳 B 的电势。   2分

（3）只有 A、B 之间的空间电场强度不为零;球壳 B 内表面以外空间的电势为零;A 球电势高于球壳 B 电势。   1分

（4）只有 A、B 之间空间电场强度不为零;球壳 B 内表面以外空间的电势为零,B 内表面以内空间电势小于零;A 球电势低于球壳 B 的电势(还可从公式上加以说明)。   1分

21.（本题6分）

解:（1）以同心球面为高斯面,根据高斯定理 $\oiint_{S_1} \boldsymbol{D} \cdot d\boldsymbol{S} = Q$ 可求得

$$D = \frac{Q}{4\pi r^2}, \quad \boldsymbol{E} = \frac{Q}{4\pi\varepsilon_0\varepsilon_r r^3} \boldsymbol{r}$$

$$U = \int_{R_1}^{R_2} \frac{Q}{4\pi\varepsilon_0 r^3} \boldsymbol{r} \cdot d\boldsymbol{r} = \frac{Q}{4\pi\varepsilon_0\varepsilon_r} \cdot \frac{R_2 - R_1}{R_1 R_2}$$ 2分

电容器外场强为零。

（2）$\sigma' = P_n = \frac{\varepsilon_r - 1}{\varepsilon_r} D_n, \sigma_1' = -\frac{\varepsilon_r - 1}{\varepsilon_r} \cdot \frac{Q}{4\pi R_1^2}, \sigma_2' = \frac{\varepsilon_r - 1}{\varepsilon_r} \cdot \frac{Q}{4\pi R_2^2}$ 2分

（3）$C = \frac{Q}{U} = 4\pi\varepsilon_0\varepsilon_r \frac{R_1 R_2}{R_2 - R_1}, \frac{C}{C_0} = \varepsilon_r$ 2分

22. (本题 6 分)

解：相当于两电容器并联。设介质 ε_1 部分所占极板面积为 S_1，则介质 ε_2 部分所占的面积为 $S-S_1$，则

$$C = \frac{\varepsilon_1 S_1}{d} + \frac{\varepsilon_2 (S-S_1)}{d} \qquad \text{3 分}$$

当 $S_1 = S - S_1$ 时，

$$C = \frac{\varepsilon_1 S_1}{d} + \frac{\varepsilon_2 S_1}{d} = \frac{(\varepsilon_1 + \varepsilon_2) S_1}{d} = \frac{(\varepsilon_1 + \varepsilon_2) S}{2d} \qquad \text{3 分}$$

23. (本题 6 分)

解：(1) 如图 A3-2 所示，取 AB 线为 x 轴，P 点为原点，向左为正方向，则 P 点的电势为

$$U_P = \int_a^{a+l} \frac{\lambda}{4\pi\varepsilon_0} \cdot \frac{\mathrm{d}x}{x} = \frac{\lambda}{4\pi\varepsilon_0} \ln \frac{a+l}{a} = 2.5 \times 10^3 \,(\text{V}) \qquad \text{3 分}$$

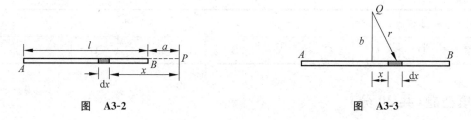

图　**A3-2**　　　　　　　　　　　　图　**A3-3**

(2) 如图 A3-3 所示，取 AB 线为 x 轴，AB 的中点 O 为坐标原点，则 Q 点的电势为

$$U_Q = \int \mathrm{d}U_Q = \int_{-l/2}^{l/2} \frac{\lambda}{4\pi\varepsilon_0} \cdot \frac{\mathrm{d}x}{\sqrt{x^2 + b^2}}$$

$$= \frac{\lambda}{4\pi\varepsilon_0} \ln \frac{l/2 + \sqrt{(l/2)^2 + b^2}}{-l/2 + \sqrt{(l/2)^2 + b^2}}$$

$$= 4.3 \times 10^3 \,(\text{V}) \qquad \text{3 分}$$

24. (本题 6 分)

解：(1) 静电平衡时，A、B、C 板上的电荷均匀分布在表面上，设 B、C 上感应电荷的面电荷分别为 q_B 和 q_C，由高斯定理和静电平衡条件，可得 A 板所带电荷

$$q_A = -(q_B + q_C)$$

由于 A、B 板之间和 A、C 板之间的电势差相等，故有

$$E_B d_B = E_C d_C \quad \text{或} \quad q_B d_B = q_C d_C$$

式中 $d_B = 4 \times 10^{-3} \,\text{m}$，$d_C = 2 \times 10^{-3} \,\text{m}$，所以 $q_C = 2q_B$，于是

$$q_B = -\frac{1}{3} q_A = -1 \times 10^{-7} \,(\text{C}), \quad q_C = -\frac{2}{3} q_A = -2 \times 10^{-7} \,(\text{C}) \qquad \text{4 分}$$

(2) A 板的电势为

$$U_A = U_{AB} = \frac{|q_B|}{\varepsilon_0 S} d_B = \frac{1 \times 10^{-7} \times 4 \times 10^{-3}}{0.02 \times 8.85 \times 10^{-12}} = 2.3 \times 10^{-3} \,(\text{V}) \qquad \text{2 分}$$

25. (本题 5 分)

解：球心电势为两同心带电球面各自在球心处产生电势的叠加，即

$$U_0 = \frac{1}{4\pi\varepsilon_0}\left(\frac{q_1}{r_1} + \frac{q_2}{r_2}\right) = \frac{1}{4\pi\varepsilon_0}\left(\frac{4\pi r_1^2 \sigma}{r_1} + \frac{4\pi r_2^2 \sigma}{r_2}\right)$$

$$\sigma = 8.85 \times 10^{-9}\,\text{C/m}^2 \qquad\qquad\qquad 3\,\text{分}$$

设外球面放电后电荷面密度 σ'，电势为零，有

$$U'_0 = \frac{\sigma r_1 + \sigma' r_2}{\varepsilon_0} = 0$$

放掉电荷

$$q' = 4\pi r_2^2(\sigma - \sigma') = 6.67 \times 10^{-9}\,(\text{C}) \qquad\qquad 2\,\text{分}$$

单元测试(三)答案

一、选择题(共 30 分,每小题 3 分)

题号	1	2	3	4	5	6	7	8	9	10
答案	D	C	C	A	B	D	A	D	A	C

二、填空题(共 30 分)

11. (本题 4 分)

$$\frac{q\lambda}{4\varepsilon_0} \qquad\qquad\qquad\qquad\qquad 2\,\text{分}$$

$$\frac{q\lambda}{2\pi\varepsilon_0 R}\boldsymbol{j} \qquad\qquad\qquad\qquad 2\,\text{分}$$

12. (本题 2 分)

$$r : R \qquad\qquad\qquad\qquad\qquad\qquad 2\,\text{分}$$

13. (本题 3 分)

$$\frac{q^2}{2C} \qquad\qquad\qquad\qquad\qquad\qquad 2\,\text{分}$$

$$2 \qquad\qquad\qquad\qquad\qquad\qquad\qquad 1\,\text{分}$$

14. (本题 9 分)

答案:(1) $r < R$ 区域: $D_1 = 0, E_1 = 0$

$R < r < R_1$ 区域: $D_2 = \dfrac{Q}{4\pi r_2^2}, E_2 = \dfrac{Q}{4\pi\varepsilon_0 r_2^2}$

$R_1 < r < R_2$ 区域: $D_3 = 0, E_3 = 0$

$r > R_2$ 区域: $D_4 = \dfrac{Q}{4\pi r_4^2}, E_4 = \dfrac{Q}{4\pi\varepsilon_0 r_4^2}$ $\qquad 4\,\text{分}$

(2) 若将导体球壳换成介质球壳,则由高斯定理知

$$D_1 = 0, \quad D_2 = D_3 = D_4 = \frac{Q}{4\pi r^2}$$

故 E_1、E_2、E_4 形式不变,而

$$E_3 = \frac{Q}{4\pi\varepsilon_0\varepsilon_r r_3^2}$$ 4 分

A 球电势为

$$U_A = \int_r^\infty E \cdot dr = \int_r^R E_1 dr + \int_R^{R_1} E_2 dr + \int_{R_1}^{R_2} E_3 dr + \int_{R_2}^\infty E_4 dr$$

$$= \frac{Q}{4\pi\varepsilon_0}\left(\frac{1}{R} - \frac{1}{R_1} + \frac{1}{\varepsilon_r R_1} - \frac{1}{\varepsilon_r R_2} + \frac{1}{R_2}\right)$$

1 分

15.(本题 3 分)

$$\frac{Q}{\varepsilon_0}$$ 1 分

$$E_a = 0, E_b = \frac{5Qr_0}{18\pi\varepsilon_0 R^2}$$ 2 分

16.(本题 3 分)

$$\frac{q}{\varepsilon_0}$$ 1 分

$$0$$ 1 分

$$-\frac{q}{\varepsilon_0}$$ 1 分

17.(本题 4 分)

$$\frac{Qd}{2\varepsilon_0 S}$$ 2 分

$$\frac{Qd}{\varepsilon_0 S}$$ 2 分

18.(本题 2 分)

$$r_1^2/r_2^2$$ 2 分

三、计算题(共 40 分)

19.(本题 4 分)

答:由于静电感应现象,q_0 的引入会使大导体上的电荷重新分布,一部分正电荷远离 P 点,根据库仑定律可知这时测得的力 F 小于引入试验电荷时测得的力,所以 F/q_0 比 P 点的场强小。 4 分

20.(本题 4 分)

解:如图所示,若点电荷 q 置于立方体中心,则通过立方体任一面的通量为总通量的 1/6。即

$$\varphi = \frac{1}{6}\left(\frac{q}{\varepsilon_0}\right) = \frac{q}{6\varepsilon_0}$$ 2 分

若点电荷 q 置于立方体一角(如 A 点),则通过 S_{ABCO}、S_{ABGF}、S_{AOEF} 的通量均为零,而通过 S_{BCDG}、S_{OCDE}、S_{DEFG} 的通量则为

$$\varphi = \frac{1}{24}\left(\frac{q}{\varepsilon_0}\right) = \frac{q}{24\varepsilon_0} \qquad \text{2 分}$$

21.（本题 6 分）

解：(1) 由高斯定理可以求出带电金属球在球表面产生的电场强度为

$$E = \frac{Q}{4\pi\varepsilon_0 R^2}$$

所以金属球所带电量

$$Q = 4\pi\varepsilon_0 R^2 E = \frac{(10^{-2})^2 \times 3 \times 10^6}{9 \times 10^9} = 3.3 \times 10^{-8}\,(\text{C}) \qquad \text{3 分}$$

（2）设电子从带负电的金属球表面由静止开始逆着电场方向运动，运动距离 d 后获得此动能，有

$$E_k = A = -e\int_l \boldsymbol{E} \cdot \mathrm{d}\boldsymbol{l} = \int_R^{R+d} \frac{Qe\,\mathrm{d}r}{4\pi\varepsilon_0 r^2} = \frac{Qe}{4\pi\varepsilon_0}\left(\frac{1}{R} - \frac{1}{R+d}\right) = 4 \times 10^{-17}\,(\text{J}) \qquad \text{3 分}$$

解得

$$d = 8.5 \times 10^{-5}\,\text{m}$$

22.（本题 8 分）

解：应用均匀带电球面电势的结论及电势叠加原理求解。

（1）A 点的电势

$$\mathrm{d}U = \frac{1}{4\pi\varepsilon_0} \cdot \frac{\mathrm{d}q}{r}$$

其中 $\mathrm{d}q = \rho 4\pi r^2 \mathrm{d}r$，则

$$U_A = \int_{R_1}^{R_2} \frac{4\pi\rho r^2}{4\pi\varepsilon_0 r}\,\mathrm{d}r = \frac{\rho}{2\varepsilon_0}(R_2^2 - R_1^2) \qquad \text{4 分}$$

（2）B 点的电势等于以 r_B 为半径的球面内的电荷产生的电势 U_1 与此球面以外的电荷产生的电势 U_2 之和，即

$$U_B = U_1 + U_2$$

其中

$$U_1 = \int \frac{\mathrm{d}q_{\text{in}}}{4\pi\varepsilon_0 r_B} = \frac{q_{\text{in}}}{4\pi\varepsilon_0 r_B} = \frac{\frac{4}{3}\pi\rho(r_B^3 - R_1^3)}{4\pi\varepsilon_0 r_B} = \frac{\rho}{3\varepsilon_0}\left(r_B^2 - \frac{R_1^3}{r_B}\right)$$

$$U_2 = \int_{r_B}^{R_2} \frac{\mathrm{d}q_{\text{out}}}{4\pi\varepsilon_0 r} = \frac{4\pi\rho}{4\pi\beta\varepsilon_0}\int_{r_B}^{R_2} \frac{r^2\,\mathrm{d}r}{r} = \frac{\rho}{2\varepsilon_0}(R_2^2 - r_B^2)$$

故

$$U_B = U_1 + U_2 = \frac{\rho}{6\varepsilon_0}\left(3R_2^2 - r_B^2 - \frac{2R_1^3}{r_B}\right) \qquad \text{4 分}$$

23.（本题 6 分）

解：如图 A3-4 所示，空腔中任一点 P 处的场强可看成是均匀带电、半径为 R 的实心大球和均匀带异号电荷、半径为 r 的实心小球产生场强的矢量和。根据高斯定理，大球在 P 点产生的场强为

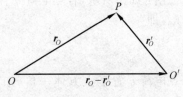

图　**A3-4**

$$E_1 = \frac{\rho}{3\varepsilon_0}\boldsymbol{r}_O \quad (设\ \rho > 0, \boldsymbol{r}_O\ 为从\ O\ 指向\ P\ 点的矢径)$$　　2分

同理,小球在 P 点产生的场强为

$$E_2 = -\frac{\rho}{3\varepsilon_0}\boldsymbol{r}_{O'}(\boldsymbol{r}_{O'}\ 为从\ O'\ 指向\ P\ 点的矢径)$$　　2分

则 P 点的合场强为

$$\boldsymbol{E}_P = \boldsymbol{E}_1 + \boldsymbol{E}_2 = \frac{\rho}{3\varepsilon_0}(\boldsymbol{r}_O - \boldsymbol{r}_{O'}) = \frac{\rho}{3\varepsilon_0}\boldsymbol{a}$$

可见,空腔中为均匀电场,大小为 $\dfrac{\rho}{3\varepsilon_0}a$,方向由 O 指向 O'(用矢量 $\boldsymbol{a}$ 表示)。　　2分

24.（本题 6 分）

解:(1) 应用介质中的高斯定理可得

$$r < R, E_{\text{int}} = \frac{Q}{4\pi\varepsilon_0\varepsilon_r r^2}$$

$$r > R, E_{\text{ext}} = \frac{Q}{4\pi\varepsilon_0 r^2}$$

由电势定义式求得

$$U_{\text{int}} = \int_r^\infty E \cdot \mathrm{d}r = \int_r^R E_{\text{int}} \cdot \mathrm{d}r + \int_R^\infty E_{\text{ext}} \cdot \mathrm{d}r = \frac{Q}{4\pi\varepsilon_0\varepsilon_r}\left(\frac{1}{r} + \frac{\varepsilon_r - 1}{R}\right)$$

$$U_{\text{ext}} = \int_r^\infty E_{\text{ext}} \cdot \mathrm{d}r = \frac{Q}{4\pi\varepsilon_0 r}$$　　4分

(2) 设介质球球面上所带电荷为 Q',若均匀分布,则 Q' 对球面内 E 无贡献,球面内 E 不变。若要使球面外 $E = 0$,则必有

$$\oint_S \boldsymbol{E} \cdot \mathrm{d}\boldsymbol{S} = \frac{Q + Q'}{\varepsilon_0} = 0$$

所以 $Q' = -Q$,即

$$\sigma_e = -\frac{Q}{4\pi R^2}$$　　2分

25.（本题 6 分）

解:设两极板带电量分别为 $+q$、$-q$,略去边缘效应,由高斯定理可得

$$E_1 = \frac{q}{\varepsilon_0\varepsilon_{r1}S} \quad (第一电介质中)$$

$$E_2 = \frac{q}{\varepsilon_0\varepsilon_{r2}S} \quad (第二电介质中)$$　　2分

两极板间的电场为分区均匀电场,所以两极板间的电势差为

$$U_A - U_B = E_1 d_1 + E_2 d_2 = \frac{q d_1}{\varepsilon_0\varepsilon_{r1}S} + \frac{q d_2}{\varepsilon_0\varepsilon_{r2}S}$$

可得

$$C = \frac{q}{U_A - U_B} = \frac{\varepsilon_0\varepsilon_{r1}\varepsilon_{r2}S}{d_1\varepsilon_{r2} + d_2\varepsilon_{r1}}$$　　2分

当 $d_1 = d_2 = \dfrac{d}{2}$ 时,有

$$C = \frac{2\varepsilon_0\varepsilon_{r1}\varepsilon_{r2}S}{d(\varepsilon_{r1} + \varepsilon_{r2})}$$　　2分

电 磁 学

常 用 公 式

1. 电流和磁场

$I = \Delta q / \Delta t$，电流密度 $J = nqv$，$I = \int_S \boldsymbol{J} \cdot \mathrm{d}\boldsymbol{S}$，电流连续性方程 $\oint_S \boldsymbol{J} \cdot \mathrm{d}\boldsymbol{S} = -\dfrac{\mathrm{d}q_{\mathrm{int}}}{\mathrm{d}t}$

洛伦兹力公式 $\boldsymbol{F} = q\boldsymbol{E} + q\boldsymbol{v} \times \boldsymbol{B}$

毕奥 - 萨伐尔定律 $\mathrm{d}\boldsymbol{B} = \dfrac{\mu_0 \, I \mathrm{d}\boldsymbol{l} \times \boldsymbol{e}_r}{4\pi r^2}$，$\mu_0 = \dfrac{1}{\varepsilon_0 c^2} = 4\pi \times 10^{-7}\,(\mathrm{N/A}^2)$

无限长直电流周围的磁场 $B = \dfrac{\mu_0 I}{2\pi r}$，载流长直螺线管内的磁场 $B = \mu_0 n I$

磁通连续定理 $\oint_S \boldsymbol{B} \cdot \mathrm{d}\boldsymbol{S} = 0$，匀速运动点电荷的磁场 $\boldsymbol{B} = \dfrac{\mu_0 q \boldsymbol{v} \times \boldsymbol{e}_r}{4\pi r^2}$，$\boldsymbol{B} = \boldsymbol{v} \times \boldsymbol{E}/c^2$

安培环路定理 $\oint_L \boldsymbol{B} \cdot \mathrm{d}\boldsymbol{r} = \mu_0 \sum I_{\mathrm{int}}$，与变化的电场相联系的磁场 $\oint_L \boldsymbol{B} \cdot \mathrm{d}\boldsymbol{r} = \mu_0 \varepsilon_0 \dfrac{\mathrm{d}}{\mathrm{d}t} \int_S \boldsymbol{E} \cdot \mathrm{d}\boldsymbol{S}$

普遍的安培环路定理 $\oint_L \boldsymbol{B} \cdot \mathrm{d}\boldsymbol{r} = \mu_0 \left(I + \varepsilon_0 \dfrac{\mathrm{d}}{\mathrm{d}t} \int_S \boldsymbol{E} \cdot \mathrm{d}\boldsymbol{S} \right)$

2. 磁力

安培力 $\mathrm{d}\boldsymbol{F} = I \mathrm{d}\boldsymbol{l} \times \boldsymbol{B}$，磁矩 $\boldsymbol{m} = I\boldsymbol{S}$，磁力矩 $\boldsymbol{M} = \boldsymbol{m} \times \boldsymbol{B}$，磁矩的势能 $W_{\mathrm{m}} = -\boldsymbol{m} \cdot \boldsymbol{B}$

3. 物质的磁性

$B = \mu_r B_0$，$\boldsymbol{H}$ 矢量定义 $\boldsymbol{H} = \boldsymbol{B}/\mu_r \mu_0 = \boldsymbol{B}/\mu$，$\mu = \mu_r \mu_0$

$\boldsymbol{H}$ 的环路定理 $\oint_L \boldsymbol{H} \cdot \mathrm{d}\boldsymbol{r} = I_{0,\mathrm{int}}$

4. 电磁感应和电磁波

法拉第电磁感应定律 $\varepsilon = -\dfrac{\mathrm{d}\Phi}{\mathrm{d}t}$

动生电动势 $\varepsilon_{ab} = \int_a^b (\boldsymbol{v} \times \boldsymbol{B}) \cdot \mathrm{d}\boldsymbol{l}$，感生电动势 $\varepsilon = \oint_L \overline{E_i} \cdot \mathrm{d}\boldsymbol{r} = -\dfrac{\mathrm{d}\Phi}{\mathrm{d}t} = -\dfrac{\mathrm{d}}{\mathrm{d}t} \int_S \boldsymbol{B} \cdot \mathrm{d}\boldsymbol{S}$

互感系数 $M = \dfrac{\Psi_{12}}{i_2} = \dfrac{\Psi_{21}}{i_1}$，互感电动势 $\varepsilon_{21} = -M \dfrac{\mathrm{d}i_1}{\mathrm{d}t}$，自感电动势 $\varepsilon_L = -L \dfrac{\mathrm{d}i}{\mathrm{d}t}$

自感磁能 $W_{\mathrm{m}} = \dfrac{1}{2} L I^2$，磁场的能量密度 $w_{\mathrm{m}} = \dfrac{B^2}{2\mu_0 \mu_r} = \dfrac{1}{2} BH$

麦克斯韦方程组：

$$\oint_S \boldsymbol{E} \cdot \mathrm{d}\boldsymbol{S} = q_{\mathrm{int}}/\varepsilon_0,$$

$$\oint_S \boldsymbol{B} \cdot \mathrm{d}\boldsymbol{S} = 0,$$

$$\oint_L \boldsymbol{E} \cdot \mathrm{d}\boldsymbol{r} = -\int_S \frac{\partial \boldsymbol{B}}{\partial t} \cdot \mathrm{d}\boldsymbol{S},$$

$$\oint_L \boldsymbol{B} \cdot \mathrm{d}\boldsymbol{r} = \mu_0 \int_S \left(\boldsymbol{J} + \varepsilon_0 \frac{\partial \boldsymbol{E}}{\partial t} \right) \cdot \mathrm{d}\boldsymbol{S}$$

电磁波：

$$\boldsymbol{B} = \frac{\boldsymbol{c} \times \boldsymbol{E}}{c^2}, \quad B = E/c, \omega = \varepsilon_0 E^2 = B^2/\mu_0,$$

$$\boldsymbol{S} = \frac{\boldsymbol{E} \times \boldsymbol{B}}{\mu_0}, \quad S = \frac{EB}{\mu_0},$$

$$I = \bar{S} = \frac{1}{2} c \varepsilon_0 E_{\mathrm{m}}^2 = c \varepsilon_0 E_{\mathrm{rms}}^2$$

单元测试（一）

一、选择题（共 30 分，每小题 3 分）

1. 通有电流 I 的无限长直导线有如图 4-1-1 所示的三种形状，则 P、Q、O 各点磁感强度的大小 B_P、B_Q、B_O 间的关系为（　　）。

(A) $B_P > B_Q > B_O$ 　　　　(B) $B_Q > B_P > B_O$

(C) $B_Q > B_O > B_P$ 　　　　(D) $B_O > B_Q > B_P$

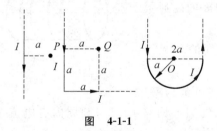

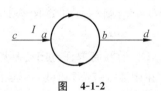

图 4-1-1　　　　　　　　　　　　　图 4-1-2

2. 如图 4-1-2 所示，电流从 a 点分两路通过对称的圆环形分路，汇合于 b 点。若 ca、bd 都沿环的径向，则在环形分路的环心处的磁感强度（　　）。

(A) 方向垂直环形分路所在平面且指向纸内

(B) 方向垂直环形分路所在平面且指向纸外

(C) 方向在环形分路所在平面内，且指向 b

(D) 方向在环形分路所在平面内，且指向 a

(E) 为零

3. 如图 4-1-3 所示，在一圆形电流 I 所在的平面内选一个同心圆形闭合回路 L，则由安培环路定理可知（　　）。

(A) $\oint_L \boldsymbol{B} \cdot \mathrm{d}\boldsymbol{l} = 0$,且环路上任意一点 $\boldsymbol{B} = \boldsymbol{0}$

(B) $\oint_L \boldsymbol{B} \cdot \mathrm{d}\boldsymbol{l} = 0$,且环路上任意一点 $\boldsymbol{B} \neq \boldsymbol{0}$

(C) $\oint_L \boldsymbol{B} \cdot \mathrm{d}\boldsymbol{l} \neq 0$,且环路上任意一点 $\boldsymbol{B} \neq \boldsymbol{0}$

(D) $\oint_L \boldsymbol{B} \cdot \mathrm{d}\boldsymbol{l} \neq 0$,且环路上任意一点 $\boldsymbol{B} = $ 常量

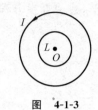

图　4-1-3

4. 一个通有电流 I 的导体,厚度为 D,横截面积为 S,放置在磁感应强度为 B 的匀强磁场中,磁场方向垂直于导体的侧表面,如图 4-1-4 所示。现测得导体上下两面电势差为 V,则此导体的霍尔系数等于(　　)。

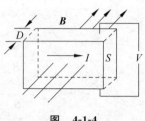

图　4-1-4

(A) $\dfrac{IBV}{DS}$　　(B) $\dfrac{BVS}{ID}$　　(C) $\dfrac{VD}{IB}$　　(D) $\dfrac{IVS}{BD}$

5. 如图 4-1-5 所示,直角三角形金属框架 abc 放在均匀磁场中,磁场 $\boldsymbol{B}$ 方向平行于 ab 边,bc 的长度为 l。当金属框架绕 ab 边以匀角速度 ω 转动时,abc 回路中的感应电动势 ε 和 a、c 两点间的电势差 $U_a - U_c$ 为(　　)。

(A) $\varepsilon = 0$,$U_a - U_c = B\omega l^2$

(B) $\varepsilon = 0$,$U_a - U_c = -B\omega l^2/2$

(C) $\varepsilon = B\omega l^2$,$U_a - U_c = B\omega l^2/2$

(D) $\varepsilon = B\omega l^2$,$U_a - U_c = B\omega l^2$

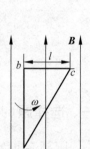

图　4-1-5

6. 如图 4-1-6 所示,空气中有一无限长金属薄壁圆筒,在表面上沿圆周方向均匀地流着一层随时间变化的面电流 $i(t)$,则(　　)。

(A) 圆筒内均匀地分布着变化磁场和变化电场

(B) 任意时刻通过圆筒内假想的任一球面的磁通量和电通量均为零

(C) 沿圆筒外任意闭合环路上磁感强度的环流不为零

(D) 沿圆筒内任意闭合环路上电场强度的环流为零

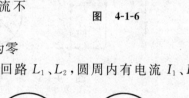

图　4-1-6

7. 在图 4-1-7(a)和(b)中各有一半径相同的圆形回路 L_1、L_2,圆周内有电流 I_1、I_2,其分布相同,且均在真空中。但在图(b)中 L_2 回路外有电流 I_3,P_1、P_2 为两圆形回路上的对应点,则(　　)。

(A) $\oint_{L_1} \boldsymbol{B} \cdot \mathrm{d}\boldsymbol{l} = \oint_{L_2} \boldsymbol{B} \cdot \mathrm{d}\boldsymbol{l}$,$B_{P_1} = B_{P_2}$

(B) $\oint_{L_1} \boldsymbol{B} \cdot \mathrm{d}\boldsymbol{l} \neq \oint_{L_2} \boldsymbol{B} \cdot \mathrm{d}\boldsymbol{l}$,$B_{P_1} = B_{P_2}$

(C) $\oint_{L_1} \boldsymbol{B} \cdot \mathrm{d}\boldsymbol{l} = \oint_{L_2} \boldsymbol{B} \cdot \mathrm{d}\boldsymbol{l}$,$B_{P_1} \neq B_{P_2}$

(D) $\oint_{L_1} \boldsymbol{B} \cdot \mathrm{d}\boldsymbol{l} \neq \oint_{L_2} \boldsymbol{B} \cdot \mathrm{d}\boldsymbol{l}$,$B_{P_1} \neq B_{P_2}$

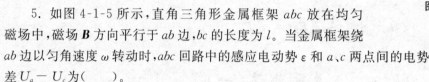
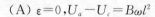
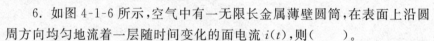
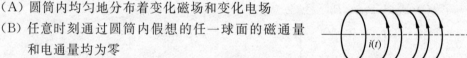

图　4-1-7

8. 图 4-1-8 中，M、P、O 为由软磁材料制成的棒，三者在同一平面内，当 K 闭合后（　　）。

(A) M 的左端出现 N 极 　　　(B) P 的左端出现 N 极

(C) O 的右端出现 N 极 　　　(D) P 的右端出现 N 极

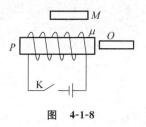　　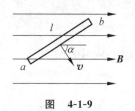

图　4-1-8 　　　　　　　　　　　图　4-1-9

9. 如图 4-1-9 所示，长度为 l 的直导线 ab 在均匀磁场 B 中以速度 v 移动，直导线 ab 中的电动势为（　　）。

(A) Blv 　　　　　(B) $Blv\sin\alpha$ 　　　　(C) $Blv\cos\alpha$ 　　　　(D) 0

10. 取一闭合积分回路 L，使三根载流导线穿过它所围成的面。现改变三根导线之间的相互间隔，但不越出积分回路，则（　　）。

(A) 回路 L 内的 $\sum I$ 不变，L 上各点的 B 不变

(B) 回路 L 内的 $\sum I$ 不变，L 上各点的 B 改变

(C) 回路 L 内的 $\sum I$ 改变，L 上各点的 B 不变

(D) 回路 L 内的 $\sum I$ 改变，L 上各点的 B 改变

二、填空题（共 30 分）

11.（本题 6 分）

如图 4-1-10 所示，一根无限长直导线通有电流 I，在 P 点处被弯成了一个半径为 R 的圆，且 P 点处无交叉和接触，则圆心 O 处的磁感应强度大小为_____，方向为_____。

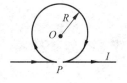

图　4-1-10

12.（本题 6 分）

一个绕有 500 匝导线的平均周长 50cm 的细螺绕环，铁芯的相对磁导率为 600，载有 0.3A 电流时，铁芯中的磁感应强度 B 的大小为_____；铁芯中的磁场强度 H 的大小为_____。（$\mu_0 = 4\pi \times 10^{-7}\,\mathrm{T \cdot m/A}$）

13.（本题 9 分）

一个半径为 R、面密度为 σ 的均匀带电圆盘，以角速度 ω 绕过圆心且垂直盘面的轴线 AA' 旋转；今将其放入磁感应强度为 B 的均匀外磁场中，B 的方向垂直于轴线 AA'。在距盘心为 r 处取一宽度为 $\mathrm{d}r$ 的圆环，则该带电圆环的等效电流为_____，该电流所受磁力矩的大小为_____，圆盘所受合力矩的大小为_____。

14.（本题 6 分）

一长直导线旁有一长为 a、宽为 b 的矩形线圈，线圈与导线共面，如图 4-1-11 所示。长直导线通有稳恒电流 I，则距长直导线为 r 处的 P 点的磁感应强度 B 为_____；线圈与导线的互

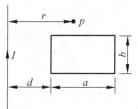

图　4-1-11

感系数为_____。

15.（本题 3 分）

长直电缆由一个圆柱导体和一共轴圆筒状导体组成,两导体中有等值反向均匀电流 I 通过,其间充满磁导率为 μ 的均匀磁介质。介质中离中心轴距离为 r 的某点处的磁场强度的大小 $H = $_____。

三、计算题（共 40 分）

16.（本题 10 分）

一无限长圆柱形铜导体的磁导率为 μ_0,半径为 R,通有均匀分布的电流 I。今取一长为 1m,宽为 $2R$ 的矩形平面 S,位置如图 4-1-12 中阴影部分所示,求通过该矩形平面的磁通量。

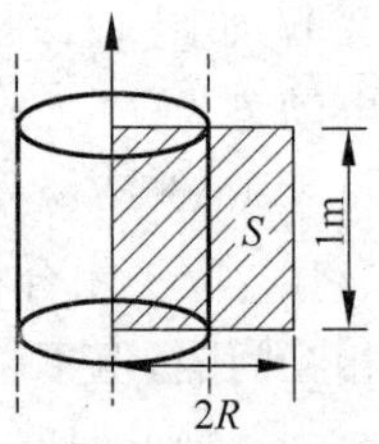

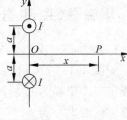

图　4-1-12

17.（本题 10 分）

图 4-1-13 所示为两条穿过 y 轴且垂直于 x-y 平面的平行长直导线的正视图,两条导线皆通有电流 I,但方向相反,它们到 x 轴的距离皆为 a。

(1) 推导出 x 轴上 P 点处的磁感强度 $B(x)$ 的表达式;

(2) 求 P 点在 x 轴上何处时,该点的 B 为最大值。

图　4-1-13

18.（本题 10 分）

如图 4-1-14 所示,在半径 $R = 0.10$m 的区域内有均匀磁场 $\boldsymbol{B}$,方向垂直纸面向外,设磁场以 $\mathrm{d}B/\mathrm{d}t = 100$T/s 的匀速率增加。已知 $\theta = \pi/3$,$Oa = Ob = r = 0.04$m,试求:

(1) 半径为 r 的导体圆环中的感应电动势及 P 点处有旋电场强度的大小;

(2) 等腰梯形导线框 $abcd$ 中的感应电动势,并指出感应电流的方向。

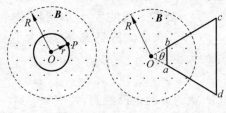

图　4-1-14

19.（本题 10 分）

如图 4-1-15 所示，无限长直导线，通以恒定电流 I。有一与之共面的直角三角形线圈 ABC。已知 AC 边长为 b，且与长直导线平行，BC 边长为 a。若线圈以垂直于导线方向的速度 v 向右平移，当 B 点与长直导线的距离为 d 时，求线圈 ABC 内的感应电动势的大小和感应电动势的方向。

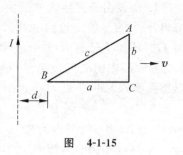

图　4-1-15

单元测试（二）

一、选择题（共 30 分，每小题 3 分）

1. 有一个圆形回路 1 及一个正方形回路 2，圆的直径和正方形的边长相等，二者中通有大小相等的电流，它们在各自中心产生的磁感强度的大小之比 B_1/B_2 为（　　）。

　　(A) 0.90　　　　　(B) 1.00　　　　　(C) 1.11　　　　　(D) 1.22

2. 边长为 l 的正方形线圈，分别用图 4-2-1 所示两种方式通以电流 I（其中 ab、cd 与正方形共面），在这两种情况下，线圈在其中心产生的磁感强度的大小分别为（　　）。

　　(A) $B_1=0$，$B_2=0$

　　(B) $B_1=0$，$B_2=\dfrac{2\sqrt{2}\mu_0 I}{\pi l}$

　　(C) $B_1=\dfrac{2\sqrt{2}\mu_0 I}{\pi l}$，$B_2=0$

　　(D) $B_1=\dfrac{2\sqrt{2}\mu_0 I}{\pi l}$，$B_2=\dfrac{2\sqrt{2}\mu_0 I}{\pi l}$

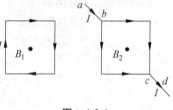

图　4-2-1

3. 电流 I 由长直导线 1 沿垂直 bc 边方向经 a 点流入由电阻均匀的导线构成的正三角形线框，再由 b 点沿垂直 ac 边方向流出，经长直导线 2 返回电源（如图 4-2-2 所示）。若载流直导线 1、2 和三角形框中的电流在框中心 O 点产生的磁感强度分别用 $\boldsymbol{B}_1$、$\boldsymbol{B}_2$ 和 $\boldsymbol{B}_3$ 表示，则 O 点的磁感强度大小（　　）。

　　(A) $B=0$，因为 $B_1=B_2=B_3=0$

　　(B) $B=0$，因为虽然 $B_1\neq0$，$B_2\neq0$，但 $\boldsymbol{B}_1+\boldsymbol{B}_2=\boldsymbol{0}$，$B_3=0$

　　(C) $B\neq0$，因为虽然 $B_3=0$，但 $\boldsymbol{B}_1+\boldsymbol{B}_2\neq\boldsymbol{0}$

　　(D) $B\neq0$，因为虽然 $\boldsymbol{B}_1+\boldsymbol{B}_2=\boldsymbol{0}$，但 $B_3\neq0$

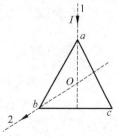

图　4-2-2

4. 电流由长直导线 1 沿切向经 a 点流入一个电阻均匀的圆环,再由 b 点沿切向从圆环流出,经长直导线 2 返回电源(如图 4-2-3 所示)。已知直导线上电流强度为 I,圆环的半径为 R,且 a、b 和圆心 O 在同一直线上。设长直载流导线 1、2 和圆环中的电流分别在 O 点产生的磁感强度为 $\boldsymbol{B}_1$、$\boldsymbol{B}_2$、$\boldsymbol{B}_3$,则圆心处磁感强度的大小(   )。

图 4-2-3

    (A) $B=0$,因为 $B_1=B_2=B_3=0$

    (B) $B=0$,因为虽然 $B_1\neq0$,$B_2\neq0$,但 $\boldsymbol{B}_1+\boldsymbol{B}_2=\boldsymbol{0}$,$B_3=0$

    (C) $B\neq0$,因为 $B_1\neq0$,$B_2\neq0$,$B_3\neq0$

    (D) $B\neq0$,因为虽然 $B_3=0$,但 $\boldsymbol{B}_1+\boldsymbol{B}_2\neq\boldsymbol{0}$

5. 如图 4-2-4 所示,流出纸面的电流为 $2I$,流进纸面的电流为 I,则下述各式中哪一个是正确的?(   )

    (A) $\oint_{L_1}\boldsymbol{H}\cdot\mathrm{d}\boldsymbol{l}=2I$

    (B) $\oint_{L_2}\boldsymbol{H}\cdot\mathrm{d}\boldsymbol{l}=I$

    (C) $\oint_{L_3}\boldsymbol{H}\cdot\mathrm{d}\boldsymbol{l}=-I$

    (D) $\oint_{L_4}\boldsymbol{H}\cdot\mathrm{d}\boldsymbol{l}=-I$

图 4-2-4

6. 如图 4-2-5 所示,一个电荷为 $+q$、质量为 m 的质点,以速度 $\boldsymbol{v}$ 沿 x 轴射入磁感强度为 B 的均匀磁场中,磁场方向垂直纸面向里,其范围从 $x=0$ 延伸到无限远。如果质点在 $x=0$ 和 $y=0$ 处进入磁场,则它将以速度 $\boldsymbol{v}$ 从磁场中某一点出来,该点坐标是 $x=0$ 和(   )。

    (A) $y=+\dfrac{mv}{qB}$ (B) $y=+\dfrac{2mv}{qB}$ (C) $y=-\dfrac{2mv}{qB}$ (D) $y=-\dfrac{mv}{qB}$

7. 如图 4-2-6 所示,一电子以速度 $\boldsymbol{v}$ 垂直地进入磁感强度为 $\boldsymbol{B}$ 的均匀磁场中,此电子在磁场中运动轨道所围的面积内的磁通量将(   )。

    (A) 正比于 B,反比于 v^2 (B) 反比于 B,正比于 v^2

    (C) 正比于 B,反比于 v (D) 反比于 B,反比于 v

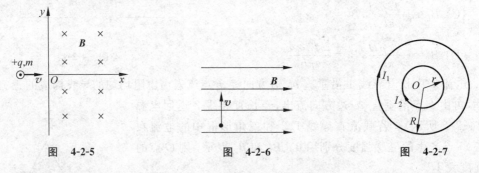

图 4-2-5   图 4-2-6   图 4-2-7

8. 两个同心圆线圈,大圆半径为 R,通有电流 I_1;小圆半径为 r,通有电流 I_2,方向如图 4-2-7 所示。若 $r\ll R$(大线圈在小线圈处产生的磁场近似为均匀磁场),当它们处在同一平面内时小线圈所受磁力矩的大小为(   )。

    (A) $\dfrac{1}{2}\omega L^2 B\cos(\omega t+\theta)$ (B) $\dfrac{\mu_0 I_1 I_2 r^2}{2R}$

(C) $\dfrac{\mu_0 \pi I_1 I_2 R^2}{2r}$ (D) 0

9. 如图 4-2-8 所示,一矩形金属线框以速度 v 从无场空间进入一均匀磁场中,然后又从磁场中到无场空间中。不计线圈的自感,下面哪一条图线正确地表示了线圈中的感应电流对时间的函数关系?(从线圈刚进入磁场时刻开始计时,I 以顺时针方向为正。)(　　)

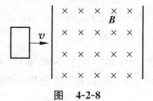

图 4-2-8

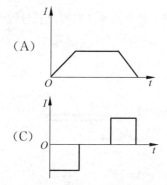

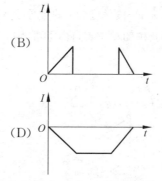

10. 一根长度为 L 的铜棒,在均匀磁场 B 中以匀角速度 ω 绕通过其一端 O 的定轴旋转着,B 的方向垂直铜棒转动的平面,如图 4-2-9 所示。设 $t=0$ 时,铜棒与 Ob 成 θ 角(b 为铜棒转动的平面上的一个固定点),则在任一时刻 t 这根铜棒两端之间的感应电动势是(　　)。

(A) $\omega L^2 B \cos(\omega t + \theta)$ (B) $\dfrac{1}{2}\omega L^2 B \cos \omega t$

(C) $2\omega L^2 B \cos(\omega t + \theta)$ (D) $\omega L^2 B$

(E) $\dfrac{1}{2}\omega L^2 B$

图 4-2-9

二、填空题(共 30 分)

11. (本题 3 分)

一电子以速率 $v=2.20\times10^6$ m/s 垂直磁力线射入磁感强度为 $B=2.36$ T 的均匀磁场,则该电子的轨道磁矩为_____;其方向与磁场方向_____。(电子质量 $m=9.11\times10^{-31}$ kg)

12. (本题 3 分)

如图 4-2-10 所示,在无限长直载流导线的右侧有面积为 S_1 和 S_2 的两个矩形回路。两个回路与长直载流导线在同一平面,且矩形回路的一边与长直载流导线平行。则通过面积为 S_1 的矩形回路的磁通量与通过面积为 S_2 的矩形回路的磁通量之比为_____。

13. (本题 5 分)

两个带电粒子,以相同的速度垂直磁感线飞入匀强磁场,它们的质量之比是 1:4,电荷之比是 1:2,它们所受的磁场力之比是_____,运动轨迹半径之比是_____。

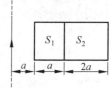

图 4-2-10

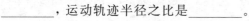

14.（本题 3 分）

一弯曲的载流导线在同一平面内，形状如图 4-2-11 所示（O 点是半径为 R_1 和 R_2 的两个半圆弧的共同圆心，电流自无穷远来到无穷远去），则 O 点磁感强度的大小为_____。

15.（本题 5 分）

真空中两只长直螺线管 1 和 2，长度相等，单层密绕、匝数相同，直径之比 $d_1/d_2 = 1/4$。当它们通以相同电流时，两螺线管储存的磁能之比为 $W_1/W_2 = $_____。

16.（本题 4 分）

如图 4-2-12 所示，一段长度为 l 的直导线 MN 水平放置在载电流为 I 的竖直长导线旁与竖直导线共面，并从静止由图示位置自由下落，则 t 秒末导线两端的电势差 $U_M - U_N = $_____。

图　4-2-11　　　　　　　　　　图　4-2-12

17.（本题 3 分）

在自感系数 $L = 0.05 \text{mH}$ 的线圈中，流过 $I = 0.8 \text{A}$ 的电流。在切断电路后经过 $t = 100\mu\text{s}$ 的时间，电流强度近似变为零，回路中产生的平均自感电动势 $\overline{\varepsilon}_L = $_____。

18.（本题 4 分）

真空中两条相距 $2a$ 的平行长直导线，通以方向相同、大小相等的电流 I。O、P 两点与两导线在同一平面内，与导线的距离如图 4-2-13 所示，则 O 点的磁场能量密度 $w_{mO} = $_____，$P$ 点的磁场能量密度 $w_{mP} = $_____。

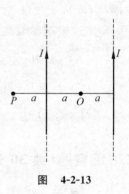

图　4-2-13

三、计算题（共 40 分）

19.（本题 10 分）

平面闭合回路由半径为 R_1 及 $R_2(R_1 > R_2)$ 的两个同心半圆弧和两个直导线段组成，如图 4-2-14 所示。已知两个直导线段在两个半圆弧中心 O 处的磁感应强度为零，且闭合载流回路在 O 处产生的总的磁感应强度 B 与半径为 R_2 的半圆弧在 O 点产生的磁感应强度 B_2 的关系为 $B = 2B_2/3$，求 R_1 与 R_2 的关系。

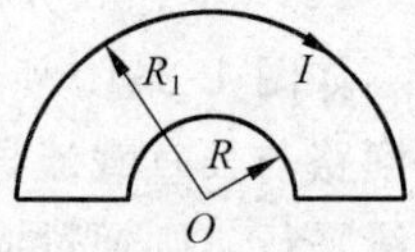

图　4-2-14

20.（本题 10 分）

AA' 和 CC' 为两个正交地放置的圆形线圈,其圆心相重合。AA' 线圈半径为 20.0cm,共 10 匝,通有 10.0A 电流;而 CC' 线圈的半径为 10.0cm,共 20 匝,通有 5.0A 电流。求两线圈公共中心 O 点的磁感强度的大小和方向。$(\mu_0 = 4\pi \times 10^{-7} \text{N/A}^2)$

21.（本题 10 分）

在真空中有两根相互平行的无限长的直导线 L_1 和 L_2,相距 10cm,通有方向相反的电流,$I_1 = 20$A,$I_2 = 10$A,试求与两根导线在同一平面内且在导线 L_2 两侧并与导线 L_2 的距离均为 5.0cm 的两点的磁感强度的大小。$(\mu_0 = 4\pi \times 10^{-7} \text{H/m})$

22.（本题 10 分）

将通有电流 $I = 5.0$A 的无限长导线折成如图 4-2-15 所示形状,已知半圆环的半径为 $R = 0.10$m。求圆心 O 点的磁感强度。$(\mu_0 = 4\pi \times 10^{-7} \text{H/m})$。

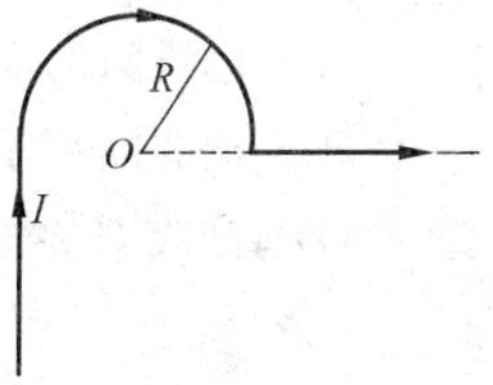

图 4-2-15

单元测试(三)

一、选择题(共 27 分,每小题 3 分)

1. 均匀磁场的磁感强度 $\boldsymbol{B}$ 垂直于半径为 r 的圆面。今以该圆周为边线,作一半球面 S,则通过 S 面的磁通量的大小为(　　)。

(A) $2\pi r^2 B$ (B) $\pi r^2 B$

(C) 0   (D) 无法确定的量

2. 一质量为 m、电荷为 q 的粒子,以与均匀磁场 $\boldsymbol{B}$ 垂直的速度 v 射入磁场内,则粒子运动轨道所包围范围内的磁通量 Φ_m 与磁场磁感强度 $\boldsymbol{B}$ 大小的关系曲线是图 4-3-1(A)~(E) 中的哪一条?(　　)

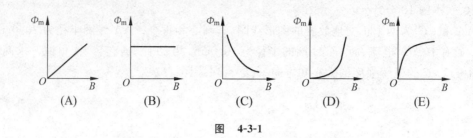

图　4-3-1

3. 边长为 L 的一个导体方框上通有电流 I,则此框中心的磁感强度(　　)。

(A) 与 L 无关　　　　　　　　　　(B) 正比于 L^2

(C) 与 L 成正比　　　　　　　　　(D) 与 L 成反比

(E) 与 I^2 有关

4. 如图 4-3-2 所示的一细螺绕环,它由表面绝缘的导线在铁环上密绕而成,每厘米绕 10 匝。当导线中的电流 I 为 2.0A 时,测得铁环内的磁感应强度的大小 B 为 1.0T,则可求得铁环的相对磁导率 μ_r 为(　　)。(真空磁导率 $\mu_0 = 4\pi \times 10^{-7}$ T・m/A)

(A) 7.96×10^2　　　　　　　　(B) 3.98×10^2

(C) 1.99×10^2　　　　　　　　(D) 63.3

5. 一闭合正方形线圈放在均匀磁场中,绕通过其中心且与一边平行的转轴 OO' 转动,转轴与磁场方向垂直,转动角速度为 ω,如图 4-3-3 所示。用下述哪一种办法可以使线圈中感应电流的幅值增加到原来的两倍(导线的电阻不能忽略)?(　　)。

(A) 把线圈的匝数增加到原来的两倍

(B) 把线圈的面积增加到原来的两倍,而形状不变

(C) 把线圈切割磁力线的两条边增长到原来的两倍

(D) 把线圈的角速度 ω 增大到原来的两倍

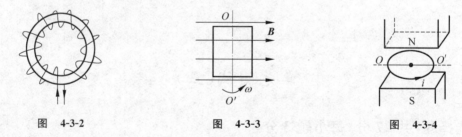

图　4-3-2　　　　　　　图　4-3-3　　　　　　　图　4-3-4

6. 在两个永久磁极中间放置一圆形线圈,线圈的大小和磁极大小约相等,线圈平面和磁场方向垂直。今欲使线圈中产生逆时针方向(俯视)的瞬时感应电流 i(如图 4-3-4 所示),可选择下列哪一个方法?(　　)

(A) 把线圈在自身平面内绕圆心旋转一个小角度

(B) 把线圈绕通过其直径的 OO' 轴转一个小角度

(C) 把线圈向上平移

(D) 把线圈向右平移

7. 面积为 S 和 $2S$ 的两圆形线圈 1、2 如图 4-3-5 放置,通有相同的电流 I。线圈 1 的电流所产生的通过线圈 2 的磁通用 Φ_{21} 表示,线圈 2 的电流所产生的通过线圈 1 的磁通用 Φ_{12} 表示,则 Φ_{21} 和 Φ_{12} 的大小关系为(　　)。

(A) $\Phi_{21}=2\Phi_{12}$　　　(B) $\Phi_{21}>\Phi_{12}$　　　(C) $\Phi_{21}=\Phi_{12}$　　　(D) $\Phi_{21}=\dfrac{1}{2}\Phi_{12}$

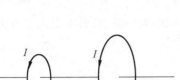

图　4-3-5

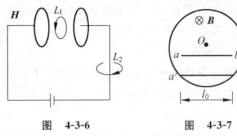

图　4-3-6　　　　图　4-3-7

8. 如图 4-3-6 所示,平板电容器(忽略边缘效应)充电时,沿环路 L_1 的磁场强度 H 的环流与沿环路 L_2 的磁场强度 H 的环流,两者必有:(　　)。

(A) $\oint_{L_1}\boldsymbol{H}\cdot\mathrm{d}\boldsymbol{l}'>\oint_{L_2}\boldsymbol{H}\cdot\mathrm{d}\boldsymbol{l}'$　　　　　　(B) $\oint_{L_1}\boldsymbol{H}\cdot\mathrm{d}\boldsymbol{l}'=\oint_{L_2}\boldsymbol{H}\cdot\mathrm{d}\boldsymbol{l}'$

(C) $\oint_{L_1}\boldsymbol{H}\cdot\mathrm{d}\boldsymbol{l}'<\oint_{L_2}\boldsymbol{H}\cdot\mathrm{d}\boldsymbol{l}'$　　　　　　(D) $\oint_{L_1}\boldsymbol{H}\cdot\mathrm{d}\boldsymbol{l}'=0$

9. 在圆柱形空间内有一磁感强度为 $\boldsymbol{B}$ 的均匀磁场,如图 4-3-7 所示,$\boldsymbol{B}$ 的大小以速率 $\mathrm{d}B/\mathrm{d}t$ 变化。有一长度为 l_0 的金属棒先后放在磁场的两个不同位置 $1(ab)$ 和 $2(a'b')$,则金属棒在这两个位置时棒内的感应电动势的大小关系为(　　)。

(A) $\xi_2=\xi_1\neq0$　　　(B) $\xi_2>\xi_1$　　　(C) $\xi_2<\xi_1$　　　(D) $\xi_2=\xi_1=0$

二、填空题(共 25 分)

10.(本题 4 分)

有一同轴电缆,其尺寸如图 4-3-8 所示,它的内外两导体中的电流均为 I,且在横截面上均匀分布,但二者电流的流向正相反,则:

(1)在 $r<R_1$ 处磁感强度大小为_____;

(2)在 $r>R_3$ 处磁感强度大小为_____。

11.(本题 3 分)

如图 4-3-9 所示,在一粗糙斜面上放有一长为 l 的木制圆柱,已知圆柱质量为 m,其上绕有 N 匝导线,圆柱体的轴线位于导线回路平面内,整个装置处于磁感强度大小为 B、方向竖直向上的均匀磁场中。如果绕组的平面与斜面平行,则当通过回路的电流 $I=$ _____ 时,圆柱体可以稳定在斜面上不滚动。

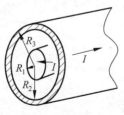

图　4-3-8

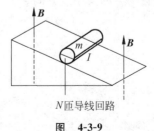

N 匝导线回路

图　4-3-9

12.（本题 3 分）

氢原子中,电子绕原子核沿半径为 r 的圆周运动,它等效于一个圆形电流。如果外加一个磁感强度为 B 的磁场,其磁感线与轨道平面平行,那么这个圆电流所受的磁力矩的大小 $M=$ _____。（设电子质量为 m_e,电子电荷的绝对值为 e。）

13.（本题 3 分）

在磁场中某点放一很小的试验线圈。若线圈的面积增大一倍,且其中电流也增大一倍,该线圈所受的最大磁力矩将是原来的 _____ 倍。

14.（本题 3 分）

一段直导线在垂直于均匀磁场的平面内运动。已知导线绕其一端以角速度 ω 转动时的电动势与导线以垂直于磁场方向的速度 v 作平动时的电动势相同,那么,导线的长度为 _____。

15.（本题 5 分）

半径为 R 的无限长柱形导体上均匀流有电流 I,该导体材料的相对磁导率 $\mu_r=1$,则在导体轴线上一点的磁场能量密度为 $w_{mO}=$ _____,在与导体轴线相距 r 处($r<R$)的磁场能量密度 $w_{mr}=$ _____。

16.（本题 4 分）

坡印廷矢量 S 的物理意义是: _____ ；其定义式为 _____。

三、计算题（共 48 分）

17.（本题 6 分）

如图 4-3-10 所示,半径为 R、线电荷密度为 λ (>0)的均匀带电的圆线圈,绕过圆心与圆平面垂直的轴以角速度 ω 转动,求轴线上任一点的 B 的大小及其方向。

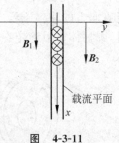

图　4-3-10

18.（本题 10 分）

如图 4-3-11 所示,将一无限大均匀载流平面放入均匀磁场中（设均匀磁场方向沿 Ox 轴正方向）,其电流方向与磁场方向垂直指向纸内。已知放入后平面两侧的总磁感强度分别为 B_1 与 B_2。求:该载流平面上单位面积所受的磁场力的大小及方向。

图　4-3-11

19. （本题 10 分）

如图 4-3-12 所示,两条平行长直导线和一个矩形导线框共面,且导线框的一个边与长直导线平行,它到两长直导线的距离分别为 r_1、r_2。已知两导线中电流都为 $I = I_0 \sin\omega t$,其中,I_0 和 ω 为常数,t 为时间。导线框长为 a,宽为 b,求导线框中的感应电动势。

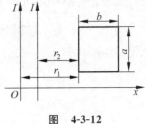

图 4-3-12

20. （本题 7 分）

如图 4-3-13 所示,有一中心挖空的水平金属圆盘,内圆半径为 R_1,外圆半径为 R_2。圆盘绕竖直中心轴 $O'O''$ 以角速度 ω 匀速转动。均匀磁场 B 的方向为竖直向上。求圆盘的内圆边缘 C 点与外圆边缘 A 点之间的动生电动势的大小及指向。

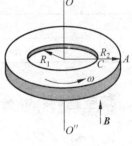

图 4-3-13

21. （本题 5 分）

两根长直载流导线在同一平面内,其间距离为 a,今将两导线中部折成直角,如图 4-3-14 所示,折后部分两导线距离仍为 a。已知导线中的电流均为 I,试求 O 点(O 在 AB 两点连线的中心)的磁感强度?

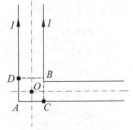

图 4-3-14

22. （本题 10 分）

一线电荷密度为 λ 的带电正方形闭合线框绕过其中心并垂直于其平面的轴以角速度 ω 旋转，试求正方形中心处的磁感强度的大小。

$$\left(积分公式 \int \frac{\mathrm{d}x}{\sqrt{x^2 + a^2}} = \ln\left(x + \sqrt{x^2 + a^2}\right)\right)$$

单元测试（一）答案

一、选择题（共 30 分，每小题 3 分）

题号	1	2	3	4	5	6	7	8	9	10
答案	D	E	B	C	B	B	C	B	D	B

二、填空题（共 30 分）

11. （本题 6 分）

$\dfrac{\mu_0 I}{2R}\left(1 - \dfrac{1}{\pi}\right)$ 3 分

垂直纸面向里   3 分

12. （本题 6 分）

0.226T   3 分

300A/m   3 分

13. （本题 9 分）

$\sigma\omega r\mathrm{d}r$ 3 分

$\pi\sigma\omega r^3 B\mathrm{d}r$ 3 分

$\pi\sigma\omega R^4 B/4$ 3 分

14. （本题 6 分）

$\dfrac{\mu_0 I}{2\pi r}$ 3 分

$\dfrac{\mu_0 b}{2\pi}\ln\dfrac{a+d}{d}$ 3 分

15. （本题 3 分）

$\dfrac{I}{2\pi r}$ 3 分

三、计算题(共 40 分)

16.（本题 10 分）

解：在圆柱体内部与导体中心轴线相距为 r 处的磁感强度的大小，由安培环路定律可得

$$B = \frac{\mu_0 I}{2\pi R^2}r, \quad r \leqslant R$$
3 分

因而，穿过导体内阴影部分平面的磁通 Φ_1 为

$$\Phi_1 = \int \boldsymbol{B} \cdot \mathrm{d}\boldsymbol{S} = \int B\mathrm{d}S = \int_0^R \frac{\mu_0 I}{2\pi R^2}r\mathrm{d}r = \frac{\mu_0 I}{4\pi}$$
2 分

在圆形导体外，与导体中心轴线相距 r 处的磁感强度大小为

$$B = \frac{\mu_0 I}{2\pi r}, \quad r > R$$
2 分

因而，穿过导体外阴影部分平面的磁通 Φ_2 为

$$\Phi_2 = \int \boldsymbol{B} \cdot \mathrm{d}\boldsymbol{S} = \int_R^{2R} \frac{\mu_0 I}{2\pi r}\mathrm{d}r = \frac{\mu_0 I}{2\pi}\ln 2$$
2 分

穿过整个矩形平面的磁通量

$$\Phi = \Phi_1 + \Phi_2 = \frac{\mu_0 I}{4\pi} + \frac{\mu_0 I}{2\pi}\ln 2$$
1 分

17.（本题 10 分）

解：(1)利用安培环路定理可求得导线 1 在 P 点产生的磁感强度的大小为

$$B_1 = \frac{\mu_0 I}{2\pi r} = \frac{\mu_0 I}{2\pi} \cdot \frac{1}{(a^2 + x^2)^{1/2}}$$
2 分

导线 2 在 P 点产生的磁感强度的大小为

$$B_2 = \frac{\mu_0 I}{2\pi r} = \frac{\mu_0 I}{2\pi} \cdot \frac{1}{(a^2 + x^2)^{1/2}}$$
2 分

$\boldsymbol{B}_1, \boldsymbol{B}_2$ 的方向如图 A4-1 所示。P 点总场：

$$B_x = B_{1x} + B_{2x} = B_1\cos\theta + B_2\cos\theta$$

$$B_y = B_{1y} + B_{2y} = 0$$

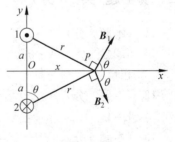

图 A4-1

则

$$B(x) = \frac{\mu_0 Ia}{\pi(a^2 + x^2)}, \quad \text{矢量式为} \quad \boldsymbol{B}(x) = \frac{\mu_0 Ia}{\pi(a^2 + x^2)}\boldsymbol{i}$$

3 分

(2) 当 $\dfrac{\mathrm{d}B(x)}{\mathrm{d}x} = 0, \dfrac{\mathrm{d}^2 B(x)}{\mathrm{d}x^2} < 0$ 时，$B(x)$ 最大。

由此可得：$x = 0$ 处，B 有最大值。
3 分

18.（本题 10 分）

解：(1) $\varepsilon_i = \dfrac{\mathrm{d}B}{\mathrm{d}t}\pi r^2 = 100\pi \times 0.04^2 = 0.5(\mathrm{V})$
4 分

$$E_V \cdot 2\pi r = -\frac{\mathrm{d}B}{\mathrm{d}t}\pi r^2$$

$$E_V = -\frac{r}{2} \cdot \frac{\mathrm{d}B}{\mathrm{d}t} = -1 \, (\text{N/C})$$

3 分

（2）$\varepsilon_i = \dfrac{\mathrm{d}B}{\mathrm{d}t}\left(\dfrac{1}{2}R^2\theta - \dfrac{1}{2}\overline{ab} \cdot h\right) = \left(\dfrac{100}{6}\pi - 4\sqrt{3}\right) \times 10^{-2} = 0.454 \, (\text{V})$

感应电流沿顺时针方向。

3 分

19．（本题 10 分）

解：建立坐标系，长直导线为 y 轴，BC 边为 x 轴，原点在长直导线上，则斜边的方程为

$$y = (bx/a) - br/a$$

式中 r 是 t 时刻 B 点与长直导线的距离。三角形中磁通量

$$\Phi = \frac{\mu_0 I}{2\pi}\int_r^{a+r}\frac{y}{x}\mathrm{d}x = \frac{\mu_0 I}{2\pi}\int_r^{a+r}\left(\frac{b}{a} - \frac{br}{ax}\right)\mathrm{d}x = \frac{\mu_0 I}{2\pi}\left(b - \frac{br}{a}\ln\frac{a+r}{r}\right)$$

6 分

$$\varepsilon = -\frac{\mathrm{d}\Phi}{\mathrm{d}t} = \frac{\mu_0 Ib}{2\pi a}\left(\ln\frac{a+r}{r} - \frac{a}{a+r}\right)\frac{\mathrm{d}r}{\mathrm{d}t}$$

当 $r = d$ 时，

$$\varepsilon = \frac{\mu_0 Ib}{2\pi a}\left(\ln\frac{a+d}{d} - \frac{a}{a+d}\right)v$$

3 分

方向：$ACBA$（即顺时针）。

1 分

单元测试（二）答案

一、选择题（共 30 分，每小题 3 分）

题号	1	2	3	4	5	6	7	8	9	10
答案	C	C	A	B	D	B	B	D	C	E

二、填空题（共 30 分）

11．（本题 3 分）

$9.34 \times 10^{-19} \, \text{A} \cdot \text{m}^2$

2 分

相反

1 分

12．（本题 3 分）

$1 : 1$

3 分

13．（本题 5 分）

$1 : 2$

3 分

$1 : 2$

2 分

14．（本题 3 分）

$$B_0 = \frac{u_0 I}{4R_1} + \frac{u_0 I}{4R_2} - \frac{u_0 I}{4\pi R_2}$$

3 分

15．（本题 5 分）

$1 : 16$

5 分

参考解：

$$w = \frac{1}{2}B^2/\mu_0$$

$$B = \mu_0 n I$$

$$W_1 = \frac{B^2 V}{2\mu_0} = \frac{\mu_0^2 n^2 I^2 l}{2\mu_0}\pi\left(\frac{d_1^2}{4}\right)$$

$$W_2 = \frac{1}{2}\mu_0 n^2 I^2 l\pi(d_2^2/4)$$

16.（本题 4 分）

$$-\frac{\mu_0 Ig}{2\pi}t\ln\frac{a+l}{a} \hspace{4cm} 4 \text{分}$$

17.（本题 3 分）

$$0.4\text{V} \hspace{6cm} 3 \text{分}$$

18.（本题 4 分）

$$0 \hspace{7cm} 2 \text{分}$$

$$\frac{2\mu_0 I^2}{9\pi^2 a^2} \hspace{6cm} 2 \text{分}$$

三、计算题（共 40 分）

19.（本题 10 分）

解： 由毕奥-萨伐尔定律，设半径为 R_1 的截流半圆弧在 O 点产生的磁感强度为 B_1，则

$$B_1 = \frac{\mu_0 I}{4R_1} \hspace{5cm} 4 \text{分}$$

同理可得

$$B_2 = \frac{\mu_0 I}{4R_2} \hspace{5cm} 1 \text{分}$$

因为 $R_1 > R_2$，因此 $B_1 < B_2$，故磁感强度

$$B = B_2 - B_1 = \frac{\mu_0 I}{4R_2} - \frac{\mu_0 I}{4R_1} = \frac{\mu_0 I}{6R_2} \hspace{2cm} 3 \text{分}$$

可得

$$R_1 = 3R_2 \hspace{6cm} 2 \text{分}$$

20.（本题 10 分）

解： 如图 A4-2 所示，AA' 线圈在 O 点所产生的磁感强度

$$B_A = \frac{\mu_0 N_A I_A}{2r_A} = 250\mu_0 （方向垂直 AA' 平面） \hspace{1cm} 2 \text{分}$$

CC' 线圈在 O 点所产生的磁感强度

$$B_C = \frac{\mu_0 N_C I_C}{2r_C} = 500\mu_0 （方向垂直 CC' 平面） \hspace{1cm} 2 \text{分}$$

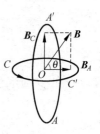

图 A4-2

O 点的合磁感强度

$$B = (B_A^2 + B_C^2)^{\frac{1}{2}} = 7.02 \times 10^{-4}（\text{T}） \hspace{1.5cm} 3 \text{分}$$

B 的方向在和 AA'、CC' 都垂直的平面内,和 CC' 平面的夹角

$$\theta = \arctan \frac{B_C}{B_A} = 63.4°$$

3 分

21.(本题 10 分)

解:(1)L_1 中电流在两导线间的 a 点所产生的磁感强度

$$B_{1a} = \frac{\mu_0 I_1}{2\pi r_{1a}} = 8.0 \times 10^{-5} \text{(T)}$$

2 分

L_2 中电流在 a 点所产生的磁感强度

$$B_{2a} = \frac{\mu_0 I_2}{2\pi r_{2a}} = 4.0 \times 10^{-5} \text{(T)}$$

2 分

由于 $\boldsymbol{B}_{1a}$、$\boldsymbol{B}_{2a}$ 的方向相同,所以 a 点的合磁感强度的大小

$$B_C = B_{1a} + B_{2a} = 1.2 \times 10^{-4} \text{(T)}$$

1 分

(2)L 中电流在两导线外侧 b 点所产生的磁感强度

$$B_{1b} = \frac{\mu_0}{2\pi} \cdot \frac{I_1}{r_{1b}} = 2.7 \times 10^{-5} \text{(T)}$$

2 分

L_2 中电流在 b 点所产生的磁感强度

$$B_{2b} = \frac{\mu_0}{2\pi} \cdot \frac{I_2}{r_{2b}} = 4.0 \times 10^{-5} \text{(T)}$$

2 分

由于 $\boldsymbol{B}_{1b}$ 和 $\boldsymbol{B}_{2b}$ 的方向相反,所以 b 点的合磁感强度的大小

$$B_C = B_{1b} - B_{2b} = 1.3 \times 10^{-5} \text{(T)}$$

1 分

22.(本题 10 分)

解:如图 A4-3 所示,O 处总 $B = B_{ab} + B_{bc} + B_{cd}$,方向垂直指向纸里。

2 分

而

$$B_{ab} = \frac{\mu_0 I}{4\pi a}(\cos\theta_1 - \cos\theta_2)$$

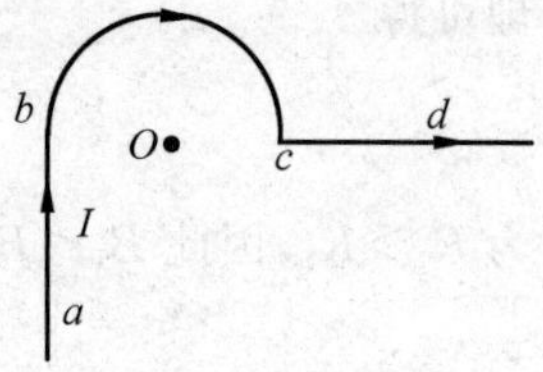

图 A4-3

因为

$$\theta_1 = 0, \quad \theta_2 = \frac{1}{2}\pi, \quad a = R$$

可得

$$B_{ab} = \frac{\mu_0 I}{4\pi R}$$

2 分

又

$$B_{bc} = \frac{\mu_0 I}{4R}$$

2 分

因 O 点在 cd 延长线上

$$B_{cd} = 0$$

2 分

因此

$$B = \frac{\mu_0 I}{4\pi R} + \frac{\mu_0 I}{4R} = 2.1 \times 10^{-5} \text{(T)}$$

2 分

单元测试（三）答案

一、选择题（共 27 分，每小题 3 分）

题号	1	2	3	4	5	6	7	8	9
答案	B	C	D	B	D	C	C	C	B

二、填空题（共 25 分）

10. （本题 4 分）

$\dfrac{\mu_0 r I}{2\pi R_1^2}$　　　　　　　　2 分

0　　　　　　　　2 分

11. （本题 3 分）

$\dfrac{mg}{2NlB}$　　　　　　　　3 分

12. （本题 3 分）

$\dfrac{e^2 B}{4}\sqrt{\dfrac{r}{\pi \varepsilon_0 m_e}}$　　　　　　　　3 分

13. （本题 3 分）

4　　　　　　　　3 分

14. （本题 3 分）

$2v/\omega$　　　　　　　　3 分

15. （本题 5 分）

0　　　　　　　　2 分

$\dfrac{\mu_0 I^2 r^2}{8\pi^2 R^4}$　　　　　　　　3 分

16. （本题 4 分）

电磁波能流密度矢量　　　　　　　　2 分

$\boldsymbol{S} = \boldsymbol{E} \times \boldsymbol{H}$　　　　　　　　2 分

三、计算题（共 48 分）

17. （本题 6 分）

解：

$$I = R\lambda\omega$$ 　　　　　　　　2 分

$$B = B_y = \frac{\mu_0 R^3 \lambda\omega}{2\left(R^2 + y^2\right)^{3/2}}$$ 　　　　　　　　3 分

$\boldsymbol{B}$ 的方向与 y 轴正向一致。　　　　　　　　1 分

18.（本题 10 分）

解：如图 A4-4 所示,设 i 为载流平面的面电流密度,$\boldsymbol{B}$ 为无限大载流平面产生的磁场,$\boldsymbol{B}_0$ 为均匀磁场的磁感强度, 作安培环路 $abcda$,由安培环路定理得

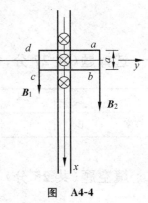

图　A4-4

$$\oint \boldsymbol{B} \cdot \mathrm{d}\boldsymbol{l} = \mu_0 ih \qquad 1\,分$$

$$Bh + Bh = \mu_0 ih$$

则

$$B = \frac{1}{2}\mu_0 i \qquad 2\,分$$

$$B_1 = B_0 - B, \quad B_2 = B_0 + B$$

则

$$B_0 = \frac{1}{2}(B_1 + B_2), \quad B = \frac{1}{2}(B_2 - B_1) \qquad 2\,分$$

$$i = (B_2 - B_1)/\mu_0 \qquad 1\,分$$

在无限大平面上沿 z 轴方向上取长 $\mathrm{d}l$,沿 x 轴方向取宽 $\mathrm{d}a$,则其面积为

$$\mathrm{d}S = \mathrm{d}l\mathrm{d}a \qquad 1\,分$$

面元所受的安培力为

$$\boldsymbol{F} = i\mathrm{d}a\mathrm{d}lB_0(-\boldsymbol{j}) = i\mathrm{d}SB_0(-\boldsymbol{j}) \qquad 2\,分$$

单位面积所受的力

$$\frac{\boldsymbol{F}}{\mathrm{d}S} = iB_0(-\boldsymbol{j}) = -\frac{B_2^2 - B_1^2}{2\mu_0}\boldsymbol{j} \qquad 1\,分$$

19.（本题 10 分）

解：两个载同向电流的长直导线在坐标 x 处所产生的磁场为

$$B = \frac{\mu_0}{2\pi}\left(\frac{1}{x} + \frac{1}{x - r_1 + r_2}\right) \qquad 2\,分$$

选顺时针方向为线框回路正方向,则

$$\Phi = \int B\mathrm{d}S = \frac{\mu_0 Ia}{2\pi}\left(\int_{r_1}^{r_1+b}\frac{\mathrm{d}x}{x} + \int_{r_1}^{r_1+b}\frac{\mathrm{d}x}{x - r_1 + r_2}\right) \qquad 3\,分$$

$$= \frac{\mu_0 Ia}{2\pi}\ln\left(\frac{r_1 + b}{r_1} \cdot \frac{r_2 + b}{r_2}\right) \qquad 2\,分$$

可得

$$\xi = -\frac{\mathrm{d}\Phi}{\mathrm{d}t} = -\frac{\mu_0 a}{2\pi}\ln\left[\frac{(r_1 + b)(r_2 + b)}{r_1 r_2}\right]\frac{\mathrm{d}I}{\mathrm{d}t}$$

$$= -\frac{\mu_0 I_0 a\omega}{2\pi}\ln\left[\frac{(r_1 + b)(r_2 + b)}{r_1 r_2}\right]\cos\omega t \qquad 3\,分$$

20.（本题 7 分）

解：动生电动势

$$\mathrm{d}\xi = (\boldsymbol{v} \times \boldsymbol{B}) \cdot \mathrm{d}\boldsymbol{r} \qquad 3\,分$$

大小

$$\xi = \int_{R_1}^{R_2} \omega r B\,\mathrm{d}r = \frac{1}{2}\omega B(R_2^2 - R_1^2) \qquad 3\,分$$

指向：$C \rightarrow A$。 1分

21.（本题 5 分）

解：电流在 O 点产生的磁场相当于 $CA + AD$ 一段导线上电流产生的磁场，有

$$B = \frac{\mu_0 I}{\pi a}\left[\sin 45° - \sin(-45°)\right] = \frac{\sqrt{2}\mu_0 I}{\pi a}$$ 5分

22.（本题 10 分）

解：设正方形边长为 l，如图 A4-5 所示，则旋转的正方形带电框等效于一个半径为 $\frac{1}{2}l \sim l/\sqrt{2}$ 的带有均匀面电流的圆带。圆带中半径为 r、宽度为 $\mathrm{d}r$ 的圆环在中心产生的磁场为

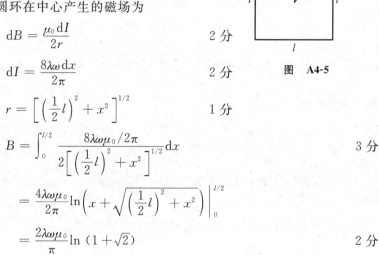

图 A4-5

$$\mathrm{d}B = \frac{\mu_0 \mathrm{d}I}{2r}$$ 2分

$$\mathrm{d}I = \frac{8\lambda\omega \mathrm{d}x}{2\pi}$$ 2分

$$r = \left[\left(\frac{1}{2}l\right)^2 + x^2\right]^{1/2}$$ 1分

$$B = \int_0^{l/2} \frac{8\lambda\omega\mu_0/2\pi}{2\left[\left(\frac{1}{2}l\right)^2 + x^2\right]^{1/2}}\mathrm{d}x$$ 3分

$$= \frac{4\lambda\omega\mu_0}{2\pi}\ln\left(x + \sqrt{\left(\frac{1}{2}l\right)^2 + x^2}\right)\Bigg|_0^{l/2}$$

$$= \frac{2\lambda\omega\mu_0}{\pi}\ln\left(1 + \sqrt{2}\right)$$ 2分

振 动 与 波

常 用 公 式

1. 振动

振动方程 $x=A\cos(\omega t+\varphi)$，$\dfrac{\mathrm{d}^2 x}{\mathrm{d}t^2}+\omega^2 x=0$，$F=ma=-m\omega^2 x$，$F=-kx$，$\omega=\sqrt{\dfrac{k}{m}}$

弹簧振子 $\dfrac{\mathrm{d}^2 x}{\mathrm{d}t^2}+\dfrac{k}{m}x=0$，$T=2\pi\sqrt{\dfrac{m}{k}}$

单摆小角度振动 $\dfrac{\mathrm{d}\theta^2}{\mathrm{d}t^2}+\dfrac{g}{l}\theta=0$，$T=2\pi\sqrt{\dfrac{l}{g}}$

简谐振动机械能 $E=E_k+E_p=\dfrac{1}{2}m\left(\dfrac{\mathrm{d}x}{\mathrm{d}t}\right)^2+\dfrac{1}{2}kx^2=\dfrac{1}{2}kA^2=\dfrac{1}{2}mv_{max}^2$，$\overline{E_k}=\overline{E_p}=\dfrac{1}{2}E$

2. 波动

波函数 $y=A\cos\omega\left(t\mp\dfrac{x}{u}\right)=A\cos 2\pi\left(\dfrac{t}{T}\mp\dfrac{x}{\lambda}\right)=A\cos(\omega t\mp kx)$

$T=\dfrac{2\pi}{\omega}=\dfrac{1}{\nu}$，$k=2\pi/\lambda$，$u=\lambda\nu$

波的强度 $I=\overline{\omega}u=\dfrac{1}{2}\rho\omega^2 A^2 u$

驻波 $y=2A\cos\left(\dfrac{2\pi}{\lambda}x\right)\cos\omega t$

单元测试（一）

一、选择题（共 27 分，每小题 3 分）

1. 两个质点各自作简谐振动，它们的振幅相同、周期相同。第一个质点的振动方程为 $x_1=A\cos(\omega t+\alpha)$。当第一个质点从相对于其平衡位置的负位移处回到平衡位置时，第二个质点正在最大正位移处，则第二个质点的振动方程为（　　）。

(A) $x_2=A\cos\left(\omega t+\alpha+\dfrac{1}{2}\pi\right)$　　　　　(B) $x_2=A\cos\left(\omega t+\alpha-\dfrac{1}{2}\pi\right)$

(C) $x_2=A\cos\left(\omega t+\alpha+\dfrac{3}{2}\pi\right)$　　　　　(D) $x_2=A\cos(\omega t+\alpha+\pi)$

2. 已知某简谐振动的振动曲线如图 5-1-1 所示,位移的单位为 cm,时间单位为 s。则此简谐振动的振动方程为(　　　)。

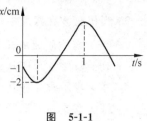

图　5-1-1

(A) $x=2\cos\left(\dfrac{2}{3}\pi t+\dfrac{2}{3}\pi\right)$

(B) $x=2\cos\left(\dfrac{2}{3}\pi t-\dfrac{2}{3}\pi\right)$

(C) $x=2\cos\left(\dfrac{4}{3}\pi t+\dfrac{2}{3}\pi\right)$

(D) $x=2\cos\left(\dfrac{4}{3}\pi t-\dfrac{1}{4}\pi\right)$

3. 在简谐波传播过程中,沿传播方向相距为 $\dfrac{3}{2}\lambda$(λ 为波长)的两点的振动速度必定(　　　)。

(A)大小相等,而方向相反　　　　　(B)大小和方向均相同
(C) 大小不等,方向相同　　　　　　(D) 大小不等,而方向相反

4. 一平面简谐波的表达式为 $y=A\cos 2\pi(\nu t-x/\lambda)$。在 $t=\dfrac{1}{\nu}$ 时刻,$x_1=3\lambda/4$ 与 $x_2=\lambda/4$ 二点处质元速度之比为(　　　)。

(A) $\dfrac{1}{3}$　　　　　(B) -1　　　　　(C) 1　　　　　(D) 3

5. 如图 5-1-2 所示,两列波长为 λ 的相干波在 P 点相遇。波在 S_1 点振动的初相为 φ_1,S_1 到 P 点的距离为 r_1;波在 S_2 点振动的初相为 φ_2,S_2 到 P 点的距离为 r_2。以 k 代表零或正、负数,则 P 点是干涉极小的条件为(　　　)。

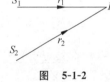

图　5-1-2

(A) $r_1-r_2=k\lambda$

(B) $\varphi_2-\varphi_1=2k\pi$

(C) $\varphi_2-\varphi_1+2\pi(r_1-r_2)/\lambda=(2k+1)\pi$

(D) $\varphi_2-\varphi_1+2\pi(r_2-r_1)/\lambda=(2k+1)\pi$

6. 一质点在 x 轴上作简谐振动,振幅 $A=4$cm,周期 $T=2$s,其平衡位置取作坐标原点。若 $t=0$ 时刻质点第一次通过 $x=-2$cm 处,且向 x 轴负方向运动,则质点第二次通过 $x=-2$cm 处的时刻为(　　　)。

(A) $\dfrac{2}{3}$s　　　　　(B) 1s　　　　　(C) $\dfrac{3}{4}$s　　　　　(D) 2s

7. 一质点作简谐振动,已知振动周期为 T,则其振动动能变化的周期为(　　　)。

(A) $T/4$　　　　　(B) $4T$　　　　　(C) $2T$　　　　　(D) $T/2$

8. 一平面简谐波沿 Ox 轴正方向传播,$t=0$ 时刻的波形图如图 5-1-3 所示,则 P 处介质质点的振动方程为(　　　)。

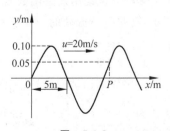

图　5-1-3

(A) $y_P=0.10\cos\left(4\pi t+\dfrac{1}{3}\pi\right)$

(B) $y_P=0.10\cos\left(4\pi t-\dfrac{1}{3}\pi\right)$

(C) $y_P=0.10\cos\left(2\pi t+\dfrac{1}{3}\pi\right)$

(D) $y_P = 0.10\cos\left(2\pi t + \dfrac{1}{6}\pi\right)$

9. 当机械波在媒质中传播时,一媒质质元的最小形变量发生在(　　　)。

(A) 媒质质元离开其平衡位置$\sqrt{2}A/2$处(A是振动振幅)

(B) 媒质质元离开其平衡位置最大位移处

(C) 媒质质元在其平衡位置处

(D) 媒质质元离开其平衡位置$A/2$处(A是振动振幅)

二、填空题(共 **28** 分)

10. (本题 4 分)

一质点作简谐振动,其振动曲线如图 5-1-4 所示。根据此图,它的周期 $T=$_____,用余弦函数描述时初相 $\varphi=$_____。

11. (本题 4 分)

一弹簧振子系统,具有 1.0J 的振动能量、0.10m 的振幅和 1.0m/s 的最大速率,则弹簧的劲度系数为_____,振子的振动频率为_____。

12. (本题 3 分)

设沿弦线传播的一入射波的表达式为 $y_1 = A\cos\left[2\pi\left(\dfrac{t}{T} - \dfrac{x}{\lambda}\right) + \varphi\right]$,波在 $x=L$ 处(B 点)发生反射,反射点为固定端(如图 5-1-5 所示)。

设波在传播和反射过程中振幅不变,则反射波的表达式为_____。

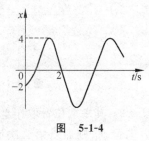

图 **5-1-4**

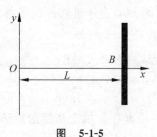

图 **5-1-5**

13. (本题 3 分)

已知波源的振动周期为 2.00×10^{-2}s,波的传播速度为 300m/s,波沿 x 轴正方向传播,则位于 $x_1 = 10.0$m 和 $x_2 = 16.0$m 的两质点振动相位差为_____。

14. (本题 3 分)

一简谐振动用余弦函数表示,其振动曲线如图 5-1-6 所示,则此简谐振动的三个特征量为:$A=$_____;$\omega=$_____;$\varphi=$_____。

15. (本题 3 分)

一平面简谐波(机械波)沿 x 轴正方向传播,波动表达式为 $y=0.1\cos\left(\pi t - \dfrac{1}{2}\pi x\right)$(SI),则 $x=-3$m 处介质

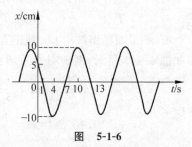

图 **5-1-6**

质点的振动加速度 a 的表达式为_____。

16. (本题 5 分)

在固定端 $x=0$ 处反射的反射波表达式是 $y_2 = A\cos 2\pi\left(\nu t - \dfrac{x}{\lambda}\right)$。设反射波无能量损失，那么入射波的表达式是 $y_1 =$ _____；形成的驻波的表达式是 $y =$ _____。

17. (本题 3 分)

两个相干波源 S_1 和 S_2，它们的振动方程分别为 $y_1 = A\cos\left(\omega t + \dfrac{\pi}{2}\right)$ 和 $y_2 = A\cos\left(\omega t - \dfrac{\pi}{2}\right)$。波从 S_1 传到 P 点经过的路程等于 2 个波长，波从 S_2 传到 P 点经过的路程等于 3 个波长。设两波波速相同，在传播过程中振幅不衰减，则两波传到 P 点的振动的合振幅为_____。

三、计算题（共 45 分）

18. (本题 5 分)

一平面简谐波，波长为 12m，沿 Ox 轴负向传播。如图 5-1-7 所示为 $x=1.0$m 处质点的振动曲线，求此波的波动方程。

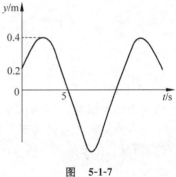

图　5-1-7

19. (本题 8 分)

一弦上的驻波方程为

$$x = 3.0 \times 10^{-2} \cos 1.6\pi x \cos 550\pi t \,(\text{SI})$$

(1)若将此驻波看成是由传播方向相反、振幅及波速均相同的两列相干波叠加而成的，求它们的振幅及波速；(2)求相邻波节之间的距离；(3)求 $t = 3.0 \times 10^{-3}$ s 时位于 $x = 0.625$m 处质点的振动速度。

20.（本题 8 分）

一放置在水平桌面上的弹簧振子，振幅 $A = 2.0 \times 10^{-2}$ m，周期 $T = 0.50$ s。当 $t = 0$ 时，（1）物体在正方向端点；（2）物体在平衡位置，向负方向运动；（3）物体在 $x = 1.0 \times 10^{-2}$ m 处，向负方向运动；（4）物体在 $x = -1.0 \times 10^{-2}$ m 处，向正方向运动。求以上各种情况的运动方程。

21.（本题 8 分）

某振动质点的 x-t 曲线如图 5-1-8 所示，试求：（1）运动方程；（2）点 P 对应的相位；（3）到达点 P 相应位置所需时间。

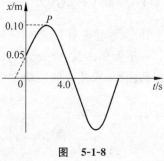

图 5-1-8

22.（本题 5 分）

两质点作同频率、同振幅的简谐运动。第一个质点的运动方程为 $x_1 = A\cos(\omega t + \varphi)$，当第一个质点自振动正方向回到平衡位置时，第二个质点恰在振动正方向的端点，试用旋转矢量图表示它们，并求第二个质点的运动方程及它们的相位差。

23.（本题 5 分）

有两个同方向、同频率的简谐振动，其合振动的振幅为 0.20m，合振动的相位与第一个振动的相位差为 $\pi/6$。若第一个振动的振幅为 0.173m，求第二个振动的振幅及两振动的相位差。

24.（本题 6 分）

波源作简谐振动，其运动方程为 $y=4.0\times10^{-3}\cos240\pi t$(SI)，它所形成的波形以 30m/s 的速度沿一直线传播。(1)求波的周期和波长；(2)写出波动方程。

单元测试（二）

一、选择题（共 30 分，每小题 3 分）

1. 一平面简谐波在弹性媒质中传播，在媒质质元从最大位移处回到平衡位置的过程中（　　）。

（A）它的势能转换成动能

（B）它的动能转换成势能

（C）它从相邻的一段媒质质元获得能量，其能量逐渐增加

（D）它把自己的能量传给相邻的一段媒质质元，其能量逐渐减小

2. 如图 5-2-1 所示，劲度系数分别为 k_1 和 k_2 的两个轻弹簧串联在一起，下面挂着质量为 m 的物体，构成一个竖挂的弹簧振子，则该系统的振动周期为（　　）。

（A）$T=2\pi\sqrt{\dfrac{m(k_1+k_2)}{2k_1k_2}}$　　　　（B）$T=2\pi\sqrt{\dfrac{m}{k_1+k_2}}$

（C）$T=2\pi\sqrt{\dfrac{m(k_1+k_2)}{k_1k_2}}$　　　　（D）$T=2\pi\sqrt{\dfrac{2m}{k_1+k_2}}$

图 5-2-1

3. 弹簧振子在光滑水平面上作简谐振动时，弹性力在半个周期内所做的功为（　　）。

（A）kA^2　　　（B）$\dfrac{1}{2}kA^2$　　　（C）$\dfrac{1}{4}kA^2$　　　（D）0

4. 某时刻驻波波形曲线如图 5-2-2 所示，则 a、b 两点振动的相位差是（　　）。

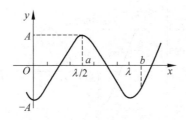

图 5-2-2

(A) 0 　　　(B) $\dfrac{1}{2}\pi$ 　　　(C) π 　　　(D) $\dfrac{5\pi}{4}$

5. 把单摆摆球从平衡位置向位移正方向拉开,使摆线与竖直方向成一微小角度 θ,然后由静止放手任其振动,从放手时开始计时。若用余弦函数表示其运动方程,则该单摆振动的初相为(　　)。

(A) π 　　　(B) $\pi/2$ 　　　(C) 0 　　　(D) θ

6. 一振子的两个分振动方程为 $x_1=4\cos3t$,$x_2=2\cos(3t+\pi)$,则其合振动方程应为(　　)。

(A) $x=4\cos(3t+\pi)$ 　　　　　(B) $x=4\cos(3t-\pi)$

(C) $x=2\cos(3t-\pi)$ 　　　　　(D) $x=2\cos3t$

7. 图 5-2-3 中所画的是两个简谐振动的振动曲线,若这两个简谐振动可叠加,则合成的余弦振动的初相为(　　)。

(A) $\dfrac{3}{2}\pi$ 　　　　　　　　(B) π

(C) $\dfrac{1}{2}\pi$ 　　　　　　　　(D) 0

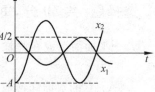

8. 若单摆的摆长不变,摆球的质量增为原来的 4 倍,摆球经过平衡位置时的速度减少为原来的 1/2,则单摆的振动跟原来相比(　　)。

图 5-2-3

(A) 频率不变,机械能不变 　　　　(B) 频率不变,机械能改变

(C) 频率改变,机械能改变 　　　　(D) 频率改变,机械能不变

9. S_1 和 S_2 是波长均为 λ 的两个相干波的波源,相距 $3\lambda/4$,S_1 的相位比 S_2 超前 $\pi/2$。若两波单独传播时,在过 S_1 和 S_2 的直线上各点的强度相同,不随距离变化,且两波的强度都是 I_0,则在 S_1、S_2 连线上 S_1 外侧和 S_2 外侧各点,合成波的强度分别是(　　)。

(A) $4I_0,4I_0$ 　(B) $0,0$ 　(C) $0,4I_0$ 　(D) $4I_0,0$

10. 如图 5-2-4 所示为一平面简谐波在 $t=2$s 时刻的波形图,则 P 点的振动方程为(　　)。

(A) $y_P=0.01\cos\left[\pi(t-2)+\dfrac{\pi}{3}\right]$ 　　　(B) $y_P=0.01\cos\left[\pi(t+2)+\dfrac{\pi}{3}\right]$

(C) $y_P=0.01\cos\left[2\pi(t-2)+\dfrac{\pi}{3}\right]$ 　　　(D) $y_P=0.01\cos\left[2\pi(t-2)-\dfrac{\pi}{3}\right]$

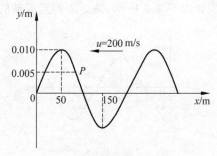

图 5-2-4

二、填空题(共 30 分)

11. (本题 3 分)

一简谐振动的振动曲线如图 5-2-5 所示,相应的以余弦函数表示的该振动方程为 $x=$ _____。

12. (本题 4 分)

一物块悬挂在弹簧下方作简谐振动,当该物块的位移等于振幅的一半时,其动能是总能量的_____(设平衡位置处势能为零)。当该物块在平衡位置时,弹簧的长度比原长长 x_0,这一振动系统的周期为_____。

13. (本题 4 分)

一水平弹簧简谐振子的振动曲线如图 5-2-6 所示。当振子处在位移为零、速度为 $-\omega A$、加速度为零和弹性力为零的状态时,对应于曲线上的_____点。当振子处在位移的绝对值为 A、速度为零、加速度为 $-\omega^2 A$ 和弹性力为 $-kA$ 的状态时,对应于曲线上的_____点。

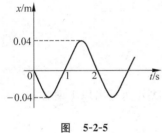

图 5-2-5

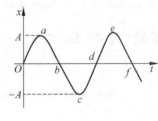

图 5-2-6

14. (本题 3 分)

一弹簧振子作简谐振动,振幅为 A,周期为 T,其运动方程用余弦函数表示,若 $t=0$ 时:

(1) 振子在负的最大位移处,则初相位为_____;

(2) 振子在平衡位置向正方向运动,则初相位为_____;

(3) 振子在位移为 $A/2$ 处,且向负方向运动,则初相位为_____;

15. (本题 4 分)

一物体作简谐振动,其振动方程为

$$x = 0.04\cos\left(\frac{5\pi t}{3} - \frac{\pi}{2}\right)(\text{m})$$

(1) 此谐振动的周期 $T=$ _____;

(2) 当 $t=0.6\text{s}$ 时,物体的速度 $v=$ _____。

16. (本题 3 分)

两质点沿水平 x 轴线作相同频率和相同振幅的简谐振动,平衡位置都在坐标原点。它们总是沿相反方向经过同一个点,其位移 x 的绝对值为振幅的一半,则它们之间的相位差为_____。

17. (本题 4 分)

图 5-2-7 所示为一平面简谐波在 $t=2\text{s}$ 时刻的波形图,波的振幅为 0.2m,周期为 4s,则

图中 P 点处质点的振动方程为_____。

18．（本题 3 分）

图 5-2-8 中所示为两个简谐振动的振动曲线,若以余弦函数表示这两个振动的合成结果,则合振动的方程 $x=x_1+x_2=$_____。

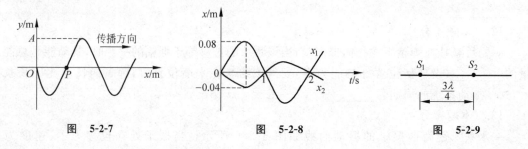

图 5-2-7　　　　　　　　　图 5-2-8　　　　　　　　　图 5-2-9

19．（本题 2 分）

如图 5-2-9 所示,两相干波源 S_1 和 S_2 相距 $3\lambda/4$,λ 为波长。设两波在 S_1S_2 连线上传播时,它们的振幅都是 A,并且不随距离变化。已知在该直线上 S_1 左侧各点的合成波强度为其中一个波强度的 4 倍,则两波源应满足的位相条件是_____。

三、计算题（共 40 分）

20．（本题 6 分）

一质点沿 x 轴作简谐振动,其角频率 $\omega=10\text{rad/s}$。试分别写出以下两种初始状态下的振动方程:

（1）其初始位移 $x_0=7.5\text{cm}$,初始速度 $v_0=75.0\text{cm/s}$;

（2）其初始位移 $x_0=7.5\text{cm}$,初始速度 $v_0=-75.0\text{cm/s}$。

21．（本题 6 分）

已知某物体作简谐振动的振动曲线如图 5-2-10 所示,求其振动方程。

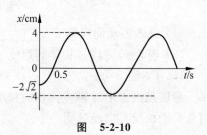

图 5-2-10

22.（本题 6 分）

如图 5-2-11 所示,有一水平弹簧振子,弹簧的劲度系数 $k=24$N/m,重物的质量 $m=$ 6kg,重物静止在水平位置上。设以一水平恒力 $F=10$N 向左作用于物体(不计摩擦),使之由平衡位置向左运动了 0.05m,此时撤去力 F,当重物运动到左方最远位置时开始计时,求物体的运动方程。

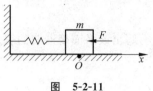

图　5-2-11

23.（本题 6 分）

如图 5-2-12 所示,一水平放置的弹簧系一小球。已知球经平衡位置向右运动时,$v=$ 100cm/s,周期 $T=1.0$s,问再经过 $\frac{1}{3}$s 时间,小球的动能是原来的多少倍? 弹簧的质量不计。

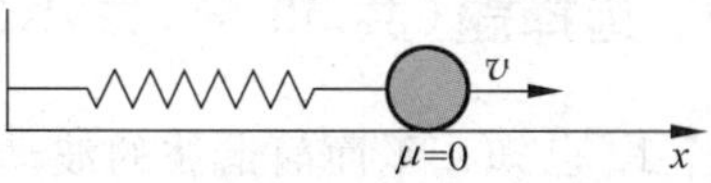

图　5-2-12

24.（本题 5 分）

一物体同时参与两个同方向的简谐振动:

$$x_1 = 0.04\cos\left(2\pi t + \frac{1}{2}\pi\right)(\text{SI}),$$

$$x_2 = 0.03\cos(2\pi t + \pi)(\text{SI})$$

求此物体的振动方程。

25.（本题 5 分）

有一单摆,摆长为 $l=100$cm,开始观察时($t=0$),摆球正好过 $x_0=-6$cm 处,并以 $v_0=20$cm/s 的速度沿 x 轴正向运动。若单摆运动近似看成简谐振动,试求:

(1)振动频率;(2)振幅和初相。

26.（本题 6 分）

已知波长为 λ 的平面简谐波沿 x 轴负方向传播，$x = \lambda / 4$ 处质点的振动方程为

$$y = A\cos\frac{2\pi}{\lambda} \cdot ut \, (\text{SI})$$

写出该平面简谐波的表达式；画出 $t = T$ 时刻的波形图。

单元测试（三）

一、选择题（共 30 分，每小题 3 分）

1. 已知一平面简谐波的波动方程为 $y = A\cos(at - bx)$，其中 a、b 为正值，则（　　）。

　　(A) 波的频率为 a　　　　　　　　　　(B) 波的传播速度为 b/a

　　(C) 波长为 π/b　　　　　　　　　　(D) 波的周期为 $2\pi/a$

2. 如图 5-3-1 所示，一平面简谐波沿 x 轴正向传播，坐标原点 O 的振动规律为 $y = A\cos(\omega t + \varphi_0)$，则距 O 点距离为 l 的 B 点的振动方程为（　　）。

　　(A) $y = A\cos[\omega t - (l/u) + \varphi_0]$　　　　(B) $y = A\cos\omega[t + (l/u)]$

　　(C) $y = A\cos\{\omega[t - (l/u)] + \varphi_0\}$　　　(D) $y = A\cos\{\omega[t + (l/u)] + \varphi_0\}$

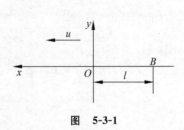

图 5-3-1

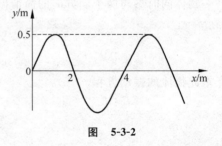

图 5-3-2

3. 已知一平面简谐波沿 x 轴正向传播，波速 $u = 8\text{m/s}$，在 $t = 0$ 时刻波形图如图 5-3-2 所示，则该波的波函数为（　　）。

　　(A) $y = 0.5\cos(4\pi t - 2\pi x/\lambda + \pi/2)\,(\text{cm})$

　　(B) $y = 0.5\cos(4\pi t - 2\pi x/\lambda - \pi/2)\,(\text{cm})$

　　(C) $y = 0.5\cos(4\pi t - 2\pi x/\lambda + \pi)\,(\text{cm})$

　　(D) $y = 0.5\cos(4\pi t - 2\pi x/\lambda - \pi)\,(\text{cm})$

4. 一沿 x 轴正向传播的平面简谐波，$u = 3\text{m/s}$，在 $t = 0$ 时刻的波形图如图 5-3-3 所示，则 OP 两点的相位差为（　　）。

　　(A) $\dfrac{2}{3}\pi$　　　　　(B) π　　　　　(C) $\dfrac{1}{3}\pi$　　　　　(D) $\dfrac{1}{4}\pi$

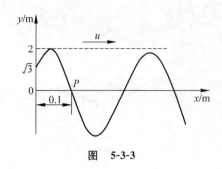

图 5-3-3

5. 若在弦线上驻波表达式是 $y＝0.20\sin 2\pi x\cos 20\pi t$(SI),则形成该驻波的两个反向进行的行波为(　　)。

(A) $y_1＝0.10\cos[2\pi(10t－x)＋\pi/2]$
　　　 $y_2＝0.10\cos[2\pi(10t＋x)＋\pi/2]$

(B) $y_1＝0.10\cos[2\pi(10t－x)－0.25\pi]$
　　　 $y_2＝0.10\cos[2\pi(10t＋x)＋0.75\pi]$

(C) $y_1＝0.10\cos[2\pi(10t－x)＋\pi/2]$
　　　 $y_2＝0.10\cos[2\pi(10t＋x)－\pi/2]$

(D) $y_1＝0.10\cos[2\pi(10t－x)＋0.75\pi]$
　　　 $y_2＝0.10\cos[2\pi(10t＋x)＋0.75\pi]$

6. 如图 5-3-4 所示,S_1 和 S_2 为两相干波源,它们的振动方向均垂直于图面,发出波长为 λ 的简谐波,P 点是两列波相遇区域中的一点。已知 $S_1P＝2\lambda$,$S_2P＝2.2\lambda$,两列波在 P 点发生相消干涉,若 S_1 的振动方程为 $y_1＝A\cos(2\pi t＋\pi/2)$,则 S_2 的振动方程为(　　)。

(A) $y_2＝A\cos(2\pi t－\pi/2)$　　　　　(B) $y_2＝A\cos(2\pi t－\pi)$

(C) $y_2＝A\cos(2\pi t＋\pi/2)$　　　　　(D) $y_2＝2A\cos(2\pi t－0.1\pi)$

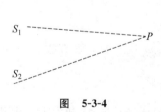

图 5-3-4

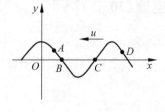

图 5-3-5

7. 如图 5-3-5 所示,横波以波速 u 沿 x 轴负方向传播,t 时刻波形曲线如图 5-3-5 所示。则该时刻(　　)。

(A) A 点振动速度大于零　　　　　(B) B 点静止不动

(C) C 点向下运动　　　　　　　　(D) D 点振动速度小于零

8. 在海岸抛锚的船因海浪传来的波而上下振荡,振荡周期为 4s,振幅为 60cm,传来的波浪每隔 25m 有一波峰。海波的速度为(　　)。

(A) 6.25m/s　　　(B) 15cm/s　　　(C) 240cm/s　　　(D) 100m/s

9. 如图 5-3-6 所示为一平面简谐波在 $t＝0$ 时刻的波形图,该波的波速 $u＝200$m/s,则

P 处质点的振动曲线为(　　)。

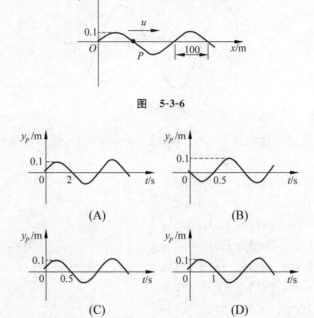

图　5-3-6

(A)　　　　　　　　　　(B)

(C)　　　　　　　　　　(D)

10. 设声波在媒质中的传播速度为 u，声源的频率为 ν_S。若声源 S 不动，而接收器 R 相对于媒质以速度 V_R 沿着 S、R 连线向着声源 S 运动，则位于 R、S 连线中点的质点 P 的振动频率为(　　)。

(A) ν_S　　　　　(B) $\dfrac{u+V_R}{u}\nu_S$　　　　　(C) $\dfrac{u}{u+V_R}\nu_S$　　　　　(D) $\dfrac{u}{u-V_R}\nu_S$

二、填空题(30 分)

11.（本题 3 分）

如图 5-3-7 所示，一平面简谐波沿 x 轴正向传播，已知 P 点的振动方程 $y=A\cos(\omega t+\varphi_0)$，则波动方程为_____。

12.（本题 3 分）

如图 5-3-8 所示，P 点距两个相干波源 S_1 和 S_2 的距离分别为 3λ 和 $10\lambda/3$，其中 λ 为两列波在媒质中的波长，若 P 点的合振幅总是极大值，则两波源应满足的相位条件是_____。

图　5-3-7　　　　　　　　　　　　　　　图　5-3-8

13.（本题 4 分）

如图 5-3-9 所示，一平面简谐波沿 Ox 轴负方向传播，波长为 λ，若 P 点处的质点振动方程为 $y_P = A\cos\left(2\pi\nu t + \dfrac{\pi}{2}\right)$，则该波的波动方程为_____；$P$ 点处质点_____时刻的振动状态与 O 处质点 t_1 时刻的振动状态相同。

14.（本题 3 分）

如图 5-3-10 所示，在真空中沿着 z 轴负方向传播的平面电磁波，O 点处电场强度为 $E_x = 300\cos\left(2\pi\nu t + \dfrac{1}{3}\pi\right)$（SI），则 O 点处磁场强度为_____。

图　5-3-9　　　　　　　　　图　5-3-10

15.（本题 3 分）

设入射波的表达式为 $y_1 = A\cos\left(2\pi\nu t + \dfrac{2\pi x}{\lambda}\right)$，波在 $x = 0$ 处反射，反射点为固定端，则形成的驻波表达式为_____。

16.（本题 3 分）

已知波源的振动周期为 4.0×10^{-2} s，波的传播速度为 300m/s，波沿 x 轴正方向传播，则位于 $x_1 = 10.0$m 和 $x_2 = 16.0$m 的两质点振动相位差为_____。

17.（本题 3 分）

一平面简谐波表达式为 $y = A\cos 2\pi(\nu t - x/\lambda)$，在 $t = 1$s 时刻，$x_1 = 3\lambda/4$ 与 $x_2 = \lambda/4$ 两点处质元速度之比是_____。

18.（本题 4 分）

在固定端 $x = 0$ 处反射的反射波表达式为 $y_2 = A\cos 2\pi(\nu t - x/\lambda)$，设反射波无能量损失，那么入射波的表达式是 $y_1 =$_____；形成的驻波的表达式是 $y =$_____。

19.（本题 2 分）

一声波在空气中的波长为 0.25m，传播速度为 340m/s，当它进入另外一种介质时，波长变为 0.37m，则它在该介质中的传播速度为_____。

20.（本题 2 分）

电磁波的 $\boldsymbol{E}$ 矢量和 $\boldsymbol{H}$ 矢量的方向互相_____，相位_____。

三、计算题（40 分）

21.（本题 6 分）

一平面简谐波，波源在 $x = 0$ 的平面上，以波速 $u = 100$m/s 沿 x 轴正向传播，波源振幅 $A = 24$mm，波的频率为 50Hz。当 $t = 0$ 时，波源质点的位移是"-12mm"，且向坐标负向运动，求：

（1）波函数；（2）波线上相距为 25cm 两点的位相差；（3）当波源从"−12mm"处第一次回到平衡位置时所用时间。

22．（本题 6 分）

如图 5-3-11 所示为某平面简谐波在 $t=0$ 时刻的波形曲线，求：

（1）该波的波函数；

（2）P 点的振动方程，并画出振动曲线；

（3）$t=1.25s$ 时刻的波形方程，并画出该波形曲线。

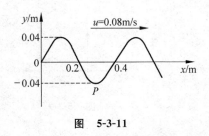

图　5-3-11

23．（本题 6 分）

一平面简谐波沿 x 轴正向传播，其振幅和圆频率分别为 A 和 ω，波速为 u，设 $t=0$ 时的波形曲线如图 5-3-12 所示。

（1）写出此波的波动方程；

（2）求距 O 点为 $\lambda/8$ 处质点的振动方程；

（3）求距 O 点为 $\lambda/8$ 处质点在 $t=0$ 时刻的振动速度及加速度。

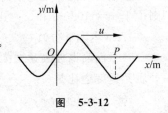

图　5-3-12

24．（本题 5 分）

S_1 和 S_2 为同媒质中的两相干波源，其振动方程分别为 $y_1=0.1\cos 2\pi t(\text{m})$，$y_2=0.1\cos(2\pi t+\pi)(\text{m})$，它们传到 P 点相遇。已知波速 $u=20\text{m/s}$，$PS_1=40\text{m}$，$PS_2=50\text{m}$，试求两波在 P 点的分振动表达式及合振幅。

25.（本题 5 分）

设入射波的方程式为 $y_1 = A\cos 2\pi(x/\lambda + t/T)$，在 $x=0$ 处发生反射，反射点为一固定端。设反射时无能量损失，求：

（1）反射波的方程式；

（2）合成的驻波的方程式；

（3）波腹和波节位置。

26.（本题 8 分）

一平面简谐波，在媒质中以波速 $u=5\text{m/s}$ 沿 x 轴正向传播，原点 O 处的振动曲线如图 5-3-13 所示。

（1）求解并画出 $x=25\text{m}$ 处质元的振动曲线；

（2）求解并画出 $t=3\text{s}$ 时的波形曲线。

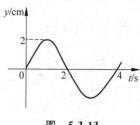

图 5-3-13

27.（本题 4 分）

一弹性波在媒质中传播的速度 $u=103\text{m/s}$，振幅 $A=1.0\times10^{-4}\text{m}$，频率 $\nu=103\text{Hz}$，媒质的密度为 $\rho=800\text{kg/m}^3$，求：

（1）波的平均能流密度；

（2）一分钟内垂直通过一面积 $S=4.0\times10^{-4}\text{m}^2$ 的总能量。

单元测试（一）答案

一、选择题（共 27 分，每小题 3 分）

题号	1	2	3	4	5	6	7	8	9
答案	A	C	A	B	C	A	D	A	B

二、填空题（共 28 分）

10.（本题 4 分）

$\dfrac{24}{7}$ s　　　　　　　　　　　　　　　　　　　　　　2 分

$-\dfrac{2}{3}\pi$　　　　　　　　　　　　　　　　　　　　　2 分

11.（本题 4 分）

2×10^2 N/m　　　　　　　　　　　　　　　　　　　2 分

1.6Hz　　　　　　　　　　　　　　　　　　　　　　　2 分

12.（本题 3 分）

$A\cos\left[2\pi\left(\dfrac{t}{T}+\dfrac{x}{\lambda}\right)+\left(\varphi+\pi-2\pi\dfrac{2L}{\lambda}\right)\right]$

或 $A\cos\left[2\pi\left(\dfrac{t}{T}+\dfrac{x}{\lambda}\right)+\left(\varphi-\pi-2\pi\dfrac{2L}{\lambda}\right)\right]$　　3 分

13.（本题 3 分）

2π　　　　　　　　　　　　　　　　　　　　　　　　3 分

14.（本题 3 分）

10cm　　　　　　　　　　　　　　　　　　　　　　　1 分

$\dfrac{\pi}{6}$ rad/s　　　　　　　　　　　　　　　　　　　　　1 分

$\dfrac{\pi}{3}$　　　　　　　　　　　　　　　　　　　　　　　1 分

15.（本题 3 分）

$-0.1\pi^2\cos\left(\pi t-\dfrac{\pi}{2}\right)$　　　　　　　　　　　　3 分

16.（本题 5 分）

$A\cos[2\pi(\nu t+x/\lambda)+\pi]$　　　　　　　　　　　3 分

$2A\cos\left(2\pi x/\lambda+\dfrac{\pi}{2}\right)\cos\left(2\pi\nu t+\dfrac{\pi}{2}\right)$　　　　2 分

17.（本题 3 分）

0　　　　　　　　　　　　　　　　　　　　　　　　　3 分

三、计算题（共 45 分）

18.（本题 5 分）

解：由图 A5-1 可知质点振动的振幅 $A=0.40$m，设 x 点的振动方程为 $y=0.40\cos(\omega t+\varphi_0)$

将 $t=0,x=0.2$ 代入得

$$\cos\varphi_0=1/2$$

$t=0$ 时位于 $x=1.0$m 处的质点在 $A/2$ 处并向 Oy 轴正向移

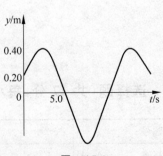

图　A5-1

动。由旋转矢量法可知 $\varphi_0=-\pi/3$,所以

$$y=0.40\cos\left(\omega t-\frac{\pi}{3}\right)$$ 　　　1分

又由图 A5-1 可知,$t=5\mathrm{s}$ 时,质点第一次回到平衡位置,$y=0$,代入振动方程得

$$\cos\left(5\omega-\frac{\pi}{3}\right)=0,\quad 5\omega-\frac{\pi}{3}=\frac{\pi}{2},\quad \omega=\pi/6(\mathrm{rad/s})$$

则 $x=1.0\mathrm{m}$ 处质点的运动方程为

$$y=0.40\cos\left(\frac{\pi}{6}t-\pi/3\right)$$ 　　　2分

则波动方程为

$$y=0.40\cos\left(\frac{\pi}{6}t-\frac{\pi}{3}+2\pi\frac{x-1}{12}\right)=0.40\cos\left[\frac{\pi}{6}(t+x)-\frac{\pi}{2}\right]$$ 　　　2分

19.（本题 8 分）

解：(1)将已知驻波方程 $x=3.0\times10^{-2}\cos1.6\pi x\cos550\pi t$ 与驻波方程的一般形式 $y=2A\cos(2\pi x/\lambda)\cos(2\pi\nu t)$ 作比较,可得两列波的振幅 $A=1.5\times10^{-2}\mathrm{m}$,波长 $\lambda=1.25\mathrm{m}$,频率 $\nu=275\mathrm{Hz}$,则波速 $u=\lambda\nu=343.8(\mathrm{m/s})$。 　　　3分

(2)相邻波节间的距离为

$$\Delta x=x_{k+1}-x_k=[2(k+1)+1]\lambda/4-(2k+1)\lambda/4$$
$$=\lambda/2=0.625(\mathrm{m})$$ 　　　2分

(3)在 $t=3.0\times10^{-3}\mathrm{s}$ 时,位于 $x=0.625\mathrm{m}$ 处质点的振动速度为

$$v=\mathrm{d}y/\mathrm{d}t=-16.5\pi\cos1.6\pi x\sin550\pi t$$
$$=-46.2(\mathrm{m/s})$$ 　　　3分

20.（本题 8 分）

解：由题给条件知 $A=2.0\times10^{-2}\mathrm{m}$,$\omega=2\pi/T=4\pi(\mathrm{rad/s})$,而初相 φ 可采用两种不同的方法来求。

解析法：根据简谐运动方程 $x=A\cos(\omega t+\varphi)$,当 $t=0$ 时有 $x_0=A\cos\varphi$,$v_0=-A\omega\sin\varphi$。

(1) 当 $x_0=A$ 时,$\cos\varphi_1=1$,则 $\varphi_1=0$; 　　　1分

(2) 当 $x_0=0$ 时,$\cos\varphi_2=0$,$\varphi_2=\pm\frac{\pi}{2}$,因 $v_0<0$,取 $\varphi_2=\frac{\pi}{2}$; 　　　1分

(3) 当 $x_0=1.0\times10^{-2}\mathrm{m}$ 时,$\cos\varphi_3=0.5$,$\varphi_3=\pm\frac{\pi}{3}$,因 $v_0<0$,取 $\varphi_3=\frac{\pi}{3}$; 　　　1分

(4) 当 $x_0=-1.0\times10^{-2}\mathrm{m}$ 时,$\cos\varphi_4=-0.5$,$\varphi_4=\pi\pm\frac{\pi}{3}$,因 $v_0>0$,取 $\varphi_4=\frac{4\pi}{3}$。 　　　1分

旋转矢量法：由旋转矢量,如图 A5-2 所示,分别画出四个不同初始状态的旋转矢量图,如图 A5-3 所示,它们所对应的初相分别为 $\varphi_1=0$,$\varphi_2=\frac{\pi}{2}$,$\varphi_3=\frac{\pi}{3}$,$\varphi_4=\frac{4\pi}{3}$。振幅 A、角频率 ω、初相 φ 均确定后,则各相应状态下的运动方程为

(1) $x=2.0\times10^{-2}\cos4\pi t$ 　　　1分

(2) $x=2.0\times10^{-2}\cos\left(4\pi t+\frac{\pi}{2}\right)$ 　　　1分

(3) $x=2.0\times10^{-2}\cos\left(4\pi t+\frac{\pi}{3}\right)$ 　　　1分

(4) $x = 2.0 \times 10^{-2} \cos\left(4\pi t + \dfrac{4\pi}{3}\right)$ 1分

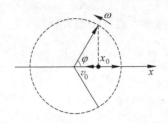

图　A5-2　　　　　　　　　　　　　　图　A5-3

21．（本题 8 分）

解：采用旋转矢量法比较简便。

（1）质点振动振幅 $A = 0.10\text{m}$，而由振动曲线可画出 $t_0 = 0$ 和 $t_1 = 4\text{s}$ 时的旋转矢量，如图 A5-5 所示。由图可见初相 $\varphi_0 = -\pi/3$（或 $\varphi_0 = 5\pi/3$），而由 $\omega(t_1 - t_0) = \pi/2 + \pi/3$ 得 $\omega = 5\pi/24 (\text{rad/s})$，则运动方程为

$$x = 0.10\cos\left(\dfrac{5\pi}{24}t - \pi/3\right)$$ 3分

（2）图 A5-4 中点 P 的位置是质点从 $A/2$ 处运动到正向的端点处。对应的旋转矢量图如图 A5-6 所示。当初相取 $\varphi_0 = -\pi/3$ 时，点 P 的相位为

$$\varphi_P = \varphi_0 + \omega(t_P - 0) = 0$$

（如果初相取 $\varphi_0 = 5\pi/3$ 时，点 P 的相位为 $\varphi_P = \varphi_0 + \omega(t_P - 0) = 2\pi$）   3分

（3）由旋转矢量图可得 $\omega(t_P - 0) = \pi/3$，则 $t_P = 1.6\text{s}$。   2分

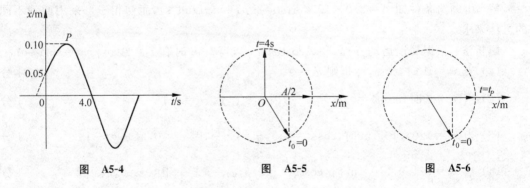

图　A5-4　　　　　　　　　图　A5-5　　　　　　　　　图　A5-6

22．（本题 5 分）

解：图 A5-7 所示为两质点在特定时刻 t 的旋转矢量图，OM 表示第一个质点振动的旋转矢量；ON 表示第二个质点振动的旋转矢量。可见第一个质点振动的相位比第二个质点超前 $\pi/2$，即它们的相位差为

$$\Delta\varphi = \pi/2$$ 3分

第二个质点的运动方程为

$$x = A\cos(\omega t + \varphi - \pi/2)$$ 2分

23.（本题 5 分）

解：采用旋转矢量合成图求解。如图 A5-8 所示，取第一个振动的旋转矢量 A_1 沿 Ox 轴，即令其初相为零；按题意合振动的旋转矢量 A 与 A_1 之间的夹角 $\varphi = \pi/6$。　　1 分

图 A5-7　　　　　　　　　　　　图 A5-8

根据矢量合成，可得第二个振动的旋转矢量的大小（即振幅）为

$$A_2 = \sqrt{A_1^2 + A^2 - 2A_1A\cos\varphi} = 0.10\text{(m)}$$　　2 分

由于 A_1、A_2、A 的量值恰好满足勾股定理，故 A_1 与 A_2 垂直，即第二个振动与第一个振动的相位差为

$$\theta = \pi/2$$　　2 分

24.（本题 6 分）

解：(1) 由已知运动方程可知，质点运动的角频率 $\omega = 240\pi\text{(rad/s)}$。而波的周期就是振动的周期，故有 $T = 2\pi/\omega = 8.33 \times 10^{-3}\text{(s)}$，波长为 $\lambda = ut = 0.25\text{(m)}$。　　3 分

(2) 将已知的波源运动方程与简谐运动方程的一般形式比较后可得 $A = 4.0 \times 10^{-3}\,\text{m}$，$\omega = 240\pi\text{rad/s}$，$\varphi_0 = 0$。故以波源为原点，沿 x 轴正向传播的波的波动方程为

$$y = A\cos[\omega(t - x/u) + \varphi_0] = 4.0 \times 10^{-3}\cos(240\pi t - 8\pi x)$$　　3 分

单元测试（二）答案

一、选择题（共 30 分，每小题 3 分）

题号	1	2	3	4	5	6	7	8	9	10
答案	C	C	D	C	C	D	B	A	D	C

二、填空题（共 30 分）

11.（本题 3 分）

$$0.04\cos\left(\pi t + \frac{\pi}{2}\right)$$　　3 分

12.（本题 4 分）

$$\frac{3}{4}$$　　2 分

$$2\pi\sqrt{\frac{x_0}{g}}$$　　2 分

13. (本题 4 分)

　　b、f —— 2 分

　　a、e —— 2 分

14. (本题 3 分)

　　π；$-\dfrac{\pi}{2}$；$\dfrac{\pi}{3}$ —— 各 1 分

15. (本题 4 分)

　　1.2s —— 2 分

　　-20.9cm/s —— 2 分

16. (本题 3 分)

　　$\pm 2\pi/3$ —— 3 分

17. (本题 4 分)

　　$y_P = 0.2\cos\left(\dfrac{1}{2}\pi t - \dfrac{1}{2}\pi\right)$ —— 4 分

18. (本题 3 分)

　　$0.04\cos\left(\pi t - \dfrac{\pi}{2}\right)$ —— 3 分

19. (本题 2 分)

　　S_1 的相位比 S_2 的相位超前 $\pi/2$ —— 2 分

三、计算题(共 40 分)

20. (本题 6 分)

解：(1) $A = \sqrt{x_0^2 + \dfrac{v_0^2}{\omega^2}} = 10.6 \times 10^{-2}\,(\text{m})$ —— 1 分

由旋转矢量法，$\varphi_1 = -\dfrac{\pi}{4}$ —— 1 分

$$x = 10.6 \times 10^{-2}\cos(10t - \pi/4)\,(\text{m})$$ —— 1 分

(2) $A = \sqrt{x_0^2 + \dfrac{v_0^2}{\omega^2}} = 10.6 \times 10^{-2}\,(\text{m})$ —— 1 分

由旋转矢量法，$\varphi_1 = \dfrac{\pi}{4}$ —— 1 分

$$x = 10.6 \times 10^{-2}\cos(10t + \pi/4)\,(\text{m})$$ —— 1 分

21. (本题 6 分)

解：$t=0$ 时，$x_0 = -2\sqrt{2} = -\dfrac{\sqrt{2}}{2}A$，且 $x_0 > 0$

由旋转矢量法，$\varphi = -\dfrac{3\pi}{4}$ —— 2 分

由振动曲线看出，$t=0.5\text{s}$ 时，$x=0$，$v > 0$

从旋转矢量图可知，旋转矢量从 M 点到 P 点历时 0.5s，转过角度 $\pi/4$。即

$$\omega\Delta t = \dfrac{\pi}{4}, \quad 得\ \omega = \dfrac{\pi}{2}(\text{rad/s})$$ —— 2 分

振动方程为

$$x = 4 \times 10^{-2} \cos\left(\frac{\pi}{2}t - \frac{3\pi}{4}\right)(\text{m})$$

2分

22. (本题 6 分)

解：设物体的振动方程为

$$x = A\cos(\omega t + \varphi)$$

恒外力所做的功即为弹簧振子的能量

$$E = F \cdot x = 10 \times 0.05 = 0.5(\text{J})$$

1分

由能量守恒：

$$\frac{1}{2}kA^2 = 0.5(\text{J}), \quad 可得 A = 0.204(\text{m})$$

2分

$$\omega^2 = \frac{k}{m} = 4, \quad 可得 \omega = 2(\text{rad/s})$$

1分

由旋转矢量法，$\varphi = \pi$

1分

物体的运动方程为

$$x = 0.204\cos(2t + \pi)(\text{cm})$$

1分

23. (本题 6 分)

解：设小球过平衡位置并向右运动为计时起点。则初相

$$\varphi = -\pi/2$$

1分

由 $T = 1\text{s}$，可得 $\omega = 2\pi\text{rad/s}$

小球的振动方程为

$$x = A\cos\left(2\pi t - \frac{\pi}{2}\right)(\text{m})(A\ 为振幅)$$

2分

$t = \frac{1}{3}\text{s}$ 时小球的速度

$$v = -2\pi A\sin\left(2\pi t - \frac{\pi}{2}\right) = -\pi A = -\frac{\omega A}{2}$$

2分

此时动能

$$E_k = \frac{1}{2}mv^2 = \frac{1}{2}m \cdot \frac{\omega^2 A^2}{4} = \frac{1}{4} \cdot \frac{1}{2}m \cdot \frac{k}{m} \cdot A^2$$

$$= \frac{1}{4} \cdot \frac{1}{2}kA^2 = \frac{1}{4} \cdot \frac{1}{2}kv_{\max}^2$$

1分

24. (本题 5 分)

解：设合成运动(简谐振动)的振动方程为

$$x = A\cos(\omega t + \varphi)$$

则

$$A^2 = A_1^2 + A_2^2 + 2A_1 A_2 \cos(\varphi_2 - \varphi_1)$$ ①

以 $A_1 = 4\text{cm}, A_2 = 3\text{cm}, \varphi_2 - \varphi_1 = \pi - \pi/2 = \pi/2$ 代入式①得

$$A = \sqrt{4^2 + 3^2} = 5(\text{cm})$$

2分

又

$$\varphi = \arctan \frac{A_1 \sin\varphi_1 + A_2 \sin\varphi_2}{A_1 \cos\varphi_1 + A_2 \cos\varphi_2} \approx 127° \approx 2.22(\text{rad})$$ 2分

则得

$$x = 0.05\cos(2\pi t + 2.22)(\text{SI})$$ 1分

25.（本题 5 分）

解：(1) $\omega = \sqrt{g/l} = 3.13(\text{rad/s})$

$$v = \frac{\omega}{2\pi} = 0.5(\text{Hz})$$ 1分

(2) $t=0$ 时，$x_0 = -6.0(\text{cm}) = A\cos\varphi$

$$v_0 = 20(\text{cm/s}) = -A\omega\sin\varphi$$

由上两式解得

$$A = 8.8(\text{cm})$$ 2分

$$\varphi = -2.33(\text{rad})$$ 2分

26.（本题 6 分）

解：(1) 如图 A5-9 所示，取波线上任一点 P，其坐标设为 x，由波的传播特性，P 点的振动落后于 $\lambda/4$ 处质点的振动。   1分

该波的表达式为

$$y = A\cos\left[\frac{2\pi ut}{\lambda} - \frac{2\pi}{\lambda}\left(\frac{\lambda}{4} - x\right)\right]$$

$$= A\cos\left(\frac{2\pi ut}{\lambda} - \frac{\pi}{2} + \frac{2\pi}{\lambda}x\right)(\text{SI})$$ 2分

(2) $t=T$ 时的波形和 $t=0$ 时的波形一样，$t=0$ 时，

$$y = A\cos\left(-\frac{\pi}{2} + \frac{2\pi}{\lambda}x\right) = A\cos\left(\frac{2\pi}{\lambda}x - \frac{\pi}{2}\right)$$ 1分

按上述方程画的波形图见图 A5-10。   2分

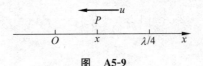

图   **A5-9**

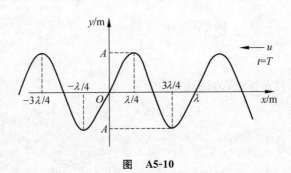

图   **A5-10**

单元测试（三）答案

一、选择题（共 30 分，每小题 3 分）

题号	1	2	3	4	5	6	7	8	9	10
答案	D	D	A	A	C	D	D	A	C	A

二、填空题（共 30 分）

11.（本题 3 分）

$$y = A\cos\left[\omega\left(t - \frac{x-l}{u}\right) + \varphi_0\right]$$　　　　3 分

12.（本题 3 分）

$$\varphi_2 - \varphi_1 = \frac{2}{3}\pi$$　　　　3 分

13.（本题 4 分）

$$y = A\cos\left[2\pi\left(\nu t + \frac{x+L}{\lambda}\right) + \frac{\pi}{2}\right]$$　　　　2 分

$$t_1 + \frac{L}{\lambda\nu} + \frac{k}{\nu}, \ k = 0, \pm 1, \pm 2, \cdots$$　　　　2 分

14.（本题 3 分）

$$H_y = -0.796\cos(2\pi\nu t + \pi/3)\ (\text{A/m})$$　　　　3 分

15.（本题 3 分）

$$y = 2A\cos\left(2\pi\frac{x}{\lambda} + \frac{\pi}{2}\right)\cos\left(2\pi\nu t - \frac{\pi}{2}\right)$$　　　　3 分

16.（本题 3 分）

π　　　　3 分

17.（本题 3 分）

-1　　　　3 分

18.（本题 4 分）

$$y_1 = A\cos\left[2\pi\left(\nu t + \frac{x}{\lambda}\right) + \pi\right]$$　　　　2 分

$$y = 2A\cos\left(2\pi\frac{x}{\lambda} + \frac{\pi}{2}\right)\cos\left(2\pi\nu t + \frac{\pi}{2}\right)$$　　　　2 分

19.（本题 2 分）

503m/s　　　　2 分

20.（本题 2 分）

垂直　　　　1 分

相同　　　　1 分

三、计算题（共 40 分）

21.（本题 6 分）

解：$\lambda = \dfrac{u}{\nu} = \dfrac{100}{50} = 2\,(\mathrm{m})$

（1）$t = 0$ 时，$y_0 = -A/2$，$v_0 < 0$

则

$$\varphi = \frac{2\pi}{3} \qquad\qquad 1\,分$$

O 点的振动方程

$$y_0 = 24\cos\left(100\pi t + \frac{2\pi}{3}\right)(\mathrm{mm}) \qquad\qquad 1\,分$$

因此该波的波函数

$$y(x,t) = 24\cos\left(100\pi t + \frac{2\pi}{3} - 2\pi\frac{x}{\lambda}\right)$$

$$= 24\cos\left(100\pi t - \pi x + \frac{2}{3}\pi\right)(\mathrm{mm}) \qquad\qquad 1\,分$$

（2）相位差

$$\Delta\varphi = 2\pi\frac{\Delta x}{\lambda} = 2\pi\frac{25\times 10^{-2}}{2} = \frac{\pi}{4} \qquad\qquad 1\,分$$

（3）波源首次回到平衡位置时的相位 $\varphi(t) = \dfrac{3}{2}\pi$，如

图 A5-11 所示，则波源由 $t = 0$ 首次回到平衡位置的时间为

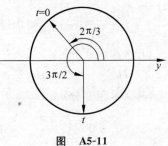

$$\Delta t = t - 0 = \frac{\Delta\varphi}{\omega} = \frac{\dfrac{3}{2}\pi - \dfrac{2}{3}\pi}{100\pi} = \frac{1}{120}(\mathrm{s}) \qquad 2\,分$$

图　A5-11

22.（本题 6 分）

解：$T = \dfrac{\lambda}{u} = \dfrac{0.4}{0.08} = 5\,(\mathrm{s})$

（1）$t = 0$ 时，O 点的初始条件为

$$y_0 = 0, \quad v_0 < 0$$

则

$$\varphi = \frac{\pi}{2}$$

因此 O 点的振动方程为

$$y_0 = 0.04\cos\left(0.4\pi t + \frac{\pi}{2}\right)(\mathrm{m}) \qquad\qquad 1\,分$$

该波的波函数

$$y(x,t) = 0.04\cos\left(0.4\pi t + \frac{\pi}{2} - 2\pi\frac{x}{0.4}\right)$$

$$= 0.04\cos\left(0.4\pi t - 5\pi x + \frac{\pi}{2}\right)(\mathrm{m}) \qquad\qquad 1\,分$$

（2）P 点的振动方程

将 $x=0.3\mathrm{m}$ 代入波函数,得

$$y_P = 0.04\cos(0.4\pi t - \pi)(\mathrm{m})$$

1 分

振动曲线如图 A5-12 所示。

1 分

（3）将 $t=1.25\mathrm{s}$ 代入波函数,得此刻的波形方程

$$y(x) = 0.04\cos(-5\pi x + \pi)(\mathrm{m})$$

1 分

该时刻波形曲线如图 A5-13 所示。

1 分

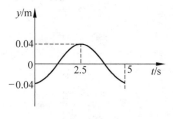

图　A5-12

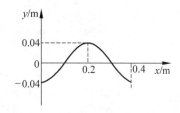

图　A5-13

23.（本题 6 分）

解：(1) $t=0$ 时,O 点初始条件为

$$y_0 = 0, \quad v_0 < 0$$

则

$$\varphi = \frac{\pi}{2}$$

O 点的波动方程为

$$y_0 = A\cos\left(\omega t + \frac{\pi}{2}\right)(\mathrm{m})$$

因此该波的波函数为

$$y(x,t) = A\cos\left(\omega t - \frac{\omega x}{u} + \frac{\pi}{2}\right)(\mathrm{m})$$

2 分

（2） $x=\lambda/8$ 处质点的振动方程为

$$y(t) = A\cos\left(\omega t - \frac{2\pi\lambda}{8\lambda} + \frac{\pi}{2}\right) = A\cos\left(\omega t + \frac{\pi}{4}\right)(\mathrm{m})$$

1 分

（3） x 处质点振动的速度及加速度

$$v = \frac{\partial y}{\partial t} = -\omega A\sin\left(\omega t - \frac{2\pi x}{\lambda} + \frac{\pi}{2}\right)$$

$$a = \frac{\partial v}{\partial t} = -\omega^2 A\cos\left(\omega t - \frac{2\pi x}{\lambda} + \frac{\pi}{2}\right)$$

2 分

因此,$t=0$ 时,$x=\lambda/8$ 处,

$$v = -\omega A\cos\left(-\frac{2\pi}{\lambda} \cdot \frac{\lambda}{8} + \frac{\pi}{2}\right) = -\frac{\sqrt{2}}{2}A\omega$$

$$a = -\omega^2 A\sin\left(-\frac{2\pi}{\lambda} \cdot \frac{\lambda}{8} + \frac{\pi}{2}\right) = -\frac{\sqrt{2}}{2}A\omega^2$$

1 分

24. （本题 5 分）

解：两波传至 P 点，如图 A5-14 所示，引起 P 点处质点振动的表达式分别为

$$y_{1P} = 0.1\cos 2\pi\left(t - \frac{S_1 P}{u}\right) = 0.1\cos 2\pi\left(t - \frac{40}{20}\right)$$

$$= 0.1\cos 2\pi t \,(\mathrm{m}) \qquad\qquad 2\,\text{分}$$

$$y_{2P} = 0.1\cos\left[2\pi\left(t - \frac{S_2 P}{u}\right) + \pi\right] = 0.1\cos\left[2\pi\left(t - \frac{50}{20}\right) + \pi\right]$$

$$= 0.1\cos 2\pi t \,(\mathrm{m}) \qquad\qquad 2\,\text{分}$$

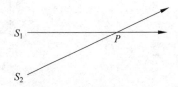

图 A5-14

则 P 点处质点的合振动为

$$y = y_1 + y_2 = 0.2\cos 2\pi t \ (\mathrm{m})$$

其合振幅为

$$A = 0.2(\mathrm{m}) \qquad\qquad 1\,\text{分}$$

25. （本题 5 分）

解：（1）反射波的方程式

$$y_2 = A\cos\left[2\pi\left(\frac{x}{\lambda} - \frac{t}{T}\right) + \pi\right] \qquad\qquad 2\,\text{分}$$

（2）驻波表达式

$$y = y_1 + y_2 = 2A\cos\left(\frac{2\pi x}{\lambda} + \frac{\pi}{2}\right)\cos\left(\frac{2\pi t}{T} - \frac{\pi}{2}\right) \qquad\qquad 1\,\text{分}$$

（3）波腹位置：

$$\frac{2\pi x}{\lambda} + \frac{\pi}{2} = n\pi, \quad x = (n - 1/2)\lambda/2, n = 1,2,3,\cdots \qquad\qquad 1\,\text{分}$$

波节位置：

$$\frac{2\pi x}{\lambda} + \frac{\pi}{2} = n\pi + \frac{\pi}{2}, \quad x = n\lambda/2, n = 0,1,2,3,\cdots \qquad\qquad 1\,\text{分}$$

26. （本题 8 分）

解：（1）原点 O 处质元的振动方程为

$$y = 2 \times 10^{-2}\cos\left(\frac{1}{2}\pi t - \frac{\pi}{2}\right)(\mathrm{SI}) \qquad\qquad 1\,\text{分}$$

波的表达式为

$$y = 2 \times 10^{-2}\cos\left[\frac{1}{2}\pi\left(t - \frac{x}{5}\right) - \frac{\pi}{2}\right](\mathrm{SI}) \qquad\qquad 2\,\text{分}$$

$x = 25\mathrm{m}$ 处质元的振动方程为

$$y = 2 \times 10^{-2}\cos\left(\frac{1}{2}\pi t - 3\pi\right)(\mathrm{SI}) \qquad\qquad 1\,\text{分}$$

振动曲线见图 A5-15。 $\qquad\qquad 1\,\text{分}$

（2）$t=3$s 时的波形曲线方程

$$y = 2 \times 10^{-2} \cos\left(\pi - \frac{\pi x}{10}\right) \text{(SI)}$$　　　　2分

波形曲线见图 A5-16。　　　　1分

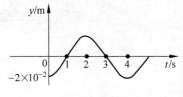

图　A5-15

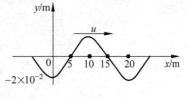

图　A5-16

27.（本题 4 分）

解：（1）$I = \frac{1}{2}\rho u (2\pi\nu)^2 A^2 = 1.6 \times 10^5$（W/m²）　　　　2分

（2）$W = IS\Delta t = 1.6 \times 10^5 \times 4 \times 10^{-4} \times 60 = 3.84 \times 10^3$（J）　　　　2分

波动光学

常用公式

1. 光的干涉

$$\Delta x = \frac{D}{d}\lambda, \quad 相差 = \frac{2\pi}{\lambda} \times 光程差$$

双缝干涉：

$$明纹中心位置 \ x = \pm k\frac{D}{d}\lambda, \quad k = 0,1,2,\cdots$$

$$暗纹中心位置 \ x = \pm(2k-1)\frac{D}{2d}\lambda, \quad k = 1,2,\cdots$$

$$条纹间距 \ \Delta x = \frac{D}{d}\lambda$$

2. 光的衍射

1）单缝夫琅禾费衍射

（1）角位置公式

$$暗纹中心 \ a\sin\theta = \pm k\lambda, \quad k = 1,2,3,\cdots$$

$$明纹中心 \ a\sin\theta = \pm(2k+1)\frac{\lambda}{2}, \quad k = 1,2,3,\cdots$$

（2）线位置公式

$$暗纹中心 \ x = \pm k\frac{f\lambda}{a}, \quad k = 1,2,3,\cdots$$

$$明纹中心 \ x = \pm(2k+1)\frac{f\lambda}{2a}, \quad k = 1,2,3,\cdots$$

（3）中央明纹的线宽度 $\Delta x_0 = 2f\tan\theta_1 \approx 2f\sin\theta_1 = \frac{2f\lambda}{a}$

2）圆孔衍射

$$\theta_0 \approx \sin\theta_0 = 1.22\frac{\lambda}{D}, \quad R = \frac{1}{\delta\theta} = \frac{D}{1.22\lambda}$$

3）光栅衍射

$$d = a + b, 主极大 \ d\sin\theta_k = \pm k\lambda, \quad k = 0,1,2,\cdots$$

$$k_{\max} = \frac{d}{\lambda}, \quad 缺级 \ k = \pm\frac{d}{a}k', \quad k' = 1,2,3,\cdots$$

4）X 射线衍射的布拉格公式

$$2d\sin\varphi = k\lambda, \quad k = 1, 2, 3, \cdots$$

3. 光的偏振

马吕斯定律 $I = I_0\cos^2\alpha$，布儒斯特定律 $\tan i_0 = \dfrac{n_2}{n_1} = n_{21}$

单元测试（一）

一、选择题（共 30 分，每小题 3 分）

1. 在双缝干涉实验中，屏幕 E 上的 P 点处是明条纹。若将缝 S_2 盖住，并在 S_1S_2 连线的垂直平分面处放一高折射率介质反射面 M，如图 6-1-1 所示，则此时（　　）。

（A）P 点处仍为明条纹

（B）P 点处为暗条纹

（C）不能确定 P 点处是明条纹还是暗条纹

（D）无干涉条纹

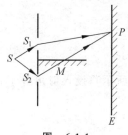

图 **6-1-1**

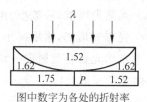

图中数字为各处的折射率

图 **6-1-2**

2. 在图 6-1-2 所示三种透明材料构成的牛顿环装置中，用单色光垂直照射，在反射光中看到干涉条纹，则在接触点 P 处形成的圆斑为（　　）。

（A）全明　　　　　　　　　　　　（B）全暗

（C）右半部明，左半部暗　　　　　（D）右半部暗，左半部明

3. 如图 6-1-3 所示，平板玻璃和凸透镜构成牛顿环装置，全部浸入 $n=1.60$ 的液体中，凸透镜可沿 OO' 移动，用波长 $\lambda=500\text{nm}(1\text{nm}=10^{-9}\text{m})$ 的单色光垂直入射。从上向下观察，看到中心是一个暗斑，此时凸透镜顶点距平板玻璃的距离最少是（　　）。

（A）156.3nm

（B）148.8nm

（C）78.1nm

（D）74.4nm

（E）0

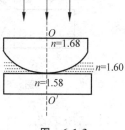

图 **6-1-3**

4. 在迈克耳孙干涉仪的一支光路中，放入一片折射率为 n 的透明介质薄膜后，测出两束光的光程差的改变量为一个波长 λ，则薄膜的厚度是（　　）。

（A）$\lambda/2$　　　　（B）$\lambda/(2n)$　　　　（C）λ/n　　　　（D）$\dfrac{\lambda}{2(n-1)}$

5. 在如图 6-1-4 所示的单缝夫琅禾费衍射实验中,若将单缝沿透镜光轴方向向透镜平移,则屏幕上的衍射条纹(　　)。

(A) 间距变大

(B) 间距变小

(C) 不发生变化

(D) 间距不变,但明暗条纹的位置交替变化

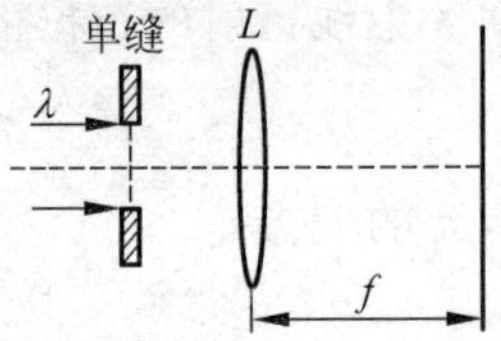

图　6-1-4

6. 在单缝夫琅禾费衍射实验中,波长为 λ 的单色光垂直入射在宽度为 $a = 4\lambda$ 的单缝上,对应于衍射角为 $30°$ 的方向,单缝处波阵面可分成的半波带数目为(　　)。

(A) 2 个　　　　　(B) 4 个　　　　　(C) 6 个　　　　　(D) 8 个

7. 三个偏振片 P_1、P_2 与 P_3 堆叠在一起,P_1 与 P_3 的偏振化方向相互垂直,P_2 与 P_1 的偏振化方向间的夹角为 $30°$。强度为 I_0 的自然光垂直入射于偏振片 P_1,并依次透过偏振片 P_1、P_2 与 P_3,则通过三个偏振片后的光强为(　　)。

(A) $I_0 / 4$　　　　(B) $3 I_0 / 8$　　　　(C) $3 I_0 / 32$　　　　(D) $I_0 / 16$

8. 两偏振片堆叠在一起,一束自然光垂直入射其上时没有光线通过。当其中一偏振片慢慢转动 $180°$ 时透射光强度发生的变化为(　　)。

(A) 光强单调增加

(B) 光强先增加,后又减小至零

(C) 光强先增加,后减小,再增加

(D) 光强先增加,然后减小,再增加,再减小至零

9. 一束自然光自空气射向一块平板玻璃(如图 6-1-5 所示),设入射角等于布儒斯特角 i_0,则在界面 2 的反射光(　　)。

(A) 是自然光

(B) 是线偏振光且光矢量的振动方向垂直于入射面

(C) 是线偏振光且光矢量的振动方向平行于入射面

(D) 是部分偏振光

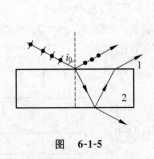

图　6-1-5

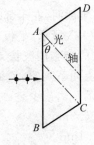

图　6-1-6

10. $ABCD$ 为一块方解石的一个截面,AB 为垂直于纸面的晶体平面与纸面的交线。光轴方向在纸面内且与 AB 成一锐角 θ,如图 6-1-6 所示。一束平行的单色自然光垂直于 AB 端面入射。在方解石内折射光分解为 o 光和 e 光,o 光和 e 光的(　　)。

(A) 传播方向相同,电场强度的振动方向互相垂直

(B) 传播方向相同,电场强度的振动方向不互相垂直

(C) 传播方向不同,电场强度的振动方向互相垂直

(D) 传播方向不同,电场强度的振动方向不互相垂直

二、填空题(共 30 分)

11. (本题 4 分)

如图 6-1-7 所示,在双缝干涉实验中,若把一厚度为 e、折射率为 n 的薄云母片覆盖在 S_1 缝上,中央明条纹将向_____移动;覆盖云母片后,两束相干光至原中央明纹 O 处的光程差为_____。

12. (本题 3 分)

若一双缝装置的两个缝分别被折射率为 n_1 和 n_2 的两块厚度均为 e 的透明介质所遮盖,此时由双缝分别到屏上原中央极大所在处的两束光的光程差 $\delta=$_____。

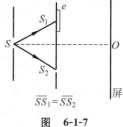

图 **6-1-7**

13. (本题 3 分)

一双缝干涉装置,在空气中观察时干涉条纹间距为 1.0mm。若整个装置放在水中,干涉条纹的间距将为_____ mm。(设水的折射率为 4/3)

14. (本题 3 分)

在双缝干涉实验中,所用单色光波长为 $\lambda=562.5$nm,双缝与观察屏的距离 $D=1.2$m,若测得屏上相邻明条纹间距为 $\Delta x=1.5$mm,则双缝的间距 $d=$_____。

15. (本题 3 分)

波长为 $\lambda=550$nm 的单色光垂直入射于光栅常数 $d=2\times10^{-4}$cm 的平面衍射光栅上,可能观察到光谱线的最高级次为第_____级。

16. (本题 3 分)

用波长为 λ 的单色平行红光垂直照射在光栅常数 $d=2\mu$m (1μm$=10^{-6}$m)的光栅上,用焦距 $f=0.500$m 的透镜将光聚在屏上,测得第一级谱线与透镜主焦点的距离 $l=0.1667$m。则可知该入射的红光波长 $\lambda=$_____nm。

17. (本题 3 分)

图 6-1-8 表示一束自然光入射到两种媒质交界平面上产生反射光和折射光。按图中所示的各光的偏振状态,反射光是_____光;折射光是_____光;这时的入射角 i_0 称为_____角。

图 **6-1-8**

18. (本题 3 分)

当一束自然光以布儒斯特角入射到两种媒质的分界面上时,就偏振状态来说反射光为_____光,其振动方向_____于入射面。

19. (本题 5 分)

用方解石晶体($n_o>n_e$)切成一个顶角 $A=30°$的三棱镜,其光轴方向如图 6-1-9 所示。若单色自然光垂直 AB 面入射,试定性地画出三棱镜内外折射光的光路,并画出光矢量的振动方向。

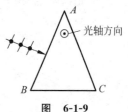

图 **6-1-9**

三、计算题（共 40 分）

20.（本题 10 分）

在双缝干涉实验中，波长 $\lambda = 550\text{nm}$ 的单色平行光垂直入射到缝间距 $a = 2 \times 10^{-4}\text{m}$ 的双缝上，屏到双缝的距离 $D = 2\text{m}$。

（1）求中央明纹两侧的两条第 10 级明纹中心的间距；

（2）用一厚度为 $e = 6.6 \times 10^{-6}\text{m}$，折射率为 $n = 1.58$ 的玻璃片覆盖一缝后，零级明纹将移到原来的第几级明纹处？

21.（本题 5 分）

波长为 λ 的单色光垂直照射到折射率为 n_2 的劈形膜上，如图 6-1-10 所示，图中 $n_1 < n_2 < n_3$，观察反射光形成的干涉条纹。

（1）从形膜顶部 O 开始向右数起，第五条暗纹中心所对应的薄膜厚度 e_5 是多少？

（2）相邻的二明纹所对应的薄膜厚度之差是多少？

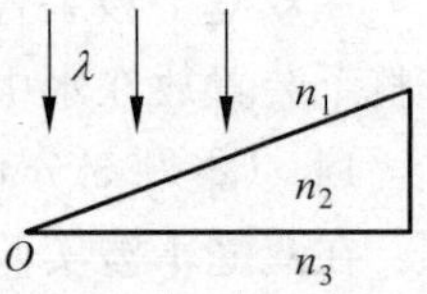

图 6-1-10

22.（本题 5 分）

在用钠光（$\lambda = 589.3\text{nm}$）做光源进行的单缝夫琅禾费衍射实验中，单缝宽度 $a = 0.5\text{mm}$，透镜焦距 $f = 700\text{mm}$。求透镜焦平面上中央明条纹的宽度。

23.（本题 5 分）

一束具有两种波长 λ_1 和 λ_2 的平行光垂直照射到一衍射光栅上，测得波长 λ_1 的第三级主极大衍射角和 λ_2 的第四级主极大衍射角均为 $30°$。已知 $\lambda_1 = 560\text{nm}$，试求：

（1）光栅常数 $a + b$；

（2）波长 λ_2。

24.（本题10分）

一光束由强度相同的自然光和线偏振光混合而成。此光束垂直入射到几个叠在一起的偏振片上。

（1）欲使最后出射光振动方向垂直于原来入射光中线偏振光的振动方向，并且入射光中两种成分的光的出射光强相等，至少需要几个偏振片？它们的偏振化方向应如何放置？

（2）在这种情况下最后出射光强与入射光强的比值是多少？

25.（本题5分）

一束自然光由空气入射到某种不透明介质的表面上。今测得此不透明介质的起偏角为56°，求这种介质的折射率。若把此种介质片放入水（折射率为1.33）中，使自然光束自水中入射到该介质片表面上，求此时的起偏角。

单元测试（二）

一、选择题（共30分，每小题3分）

1. 在双缝干涉实验中，入射光的波长为 λ，用玻璃纸遮住双缝中的一个缝，若玻璃纸中光程比相同厚度的空气的光程大 2.5λ，则屏上原来的明纹处（　　）。

　　(A) 仍为明条纹　　　　　　　　　　(B) 变为暗条纹

　　(C) 既非明纹也非暗纹　　　　　　　(D) 无法确定是明纹还是暗纹

2. 如图6-2-1所示，两个直径有微小差别的彼此平行的滚柱之间的距离为 L，夹在两块平晶的中间，形成空气劈尖，当单色光垂直入射时，产生等厚干涉条纹。如果两滚柱之间的距离 L 变大，则在 L 范围内干涉条纹的（　　）。

　　(A) 数目增加，间距不变

　　(B) 数目减少，间距变大

　　(C) 数目增加，间距变小

　　(D) 数目不变，间距变大

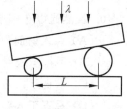

图　6-2-1

3. 如图 6-2-2 所示,用单色光垂直照射在观察牛顿环的装置上。当平凸透镜垂直向上缓慢平移而远离平面玻璃时,可以观察到这些环状干涉条纹( )。

(A) 向右平移   (B) 向中心收缩

(C) 向外扩张   (D) 静止不动

(E) 向左平移

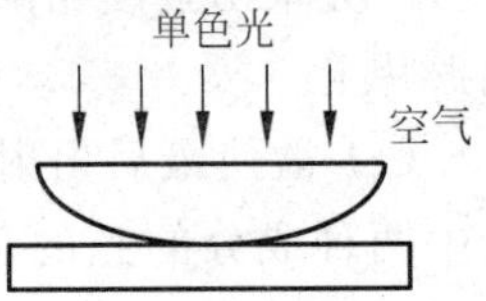

图 6-2-2

4. 在白光照射单缝而产生的衍射图样中,波长为 λ_1 的光的第三级明纹与波长为 λ_2 的光的第四级明纹相重合,则这两种光的波长之比 $\lambda_1 : \lambda_2$ 为( )。

(A) 3:4   (B) 4:3   (C) 7:9   (D) 9:7

5. 设光栅平面、透镜均与屏幕平行,则当入射的平行单色光从垂直于光栅平面入射变为斜入射时,能观察到的光谱线的最高级次 k( )。

(A) 变小   (B) 变大

(C) 不变   (D) 的改变无法确定

6. 一束光强为 I_0 的自然光,相继通过三个偏振片 P_1、P_2、P_3 后,出射光的光强为 $I = I_0 / 8$。已知 P_1 和 P_3 偏振化方向相互垂直,若以入射光线为轴,旋转 P_2,要使出射光的光强为零,P_2 最少要转过的角度是( )。

(A) 30°   (B) 45°   (C) 60°   (D) 90°

7. 自然光以 60° 的入射角照射到不知其折射率的某一透明介质表面时,反射光为线偏振光,则知( )。

(A) 折射光为线偏振光,折射角为 30°

(B) 折射光为部分偏振光,折射角为 30°

(C) 折射光为线偏振光,折射角不能确定

(D) 折射光为部分偏振光,折射角不能确定

8. 一束光是自然光和线偏振光的混合光,让它垂直通过一偏振片。若以此入射光束为轴旋转偏振片,测得透射光强度最大值是最小值的 5 倍,那么入射光束中自然光与线偏振光的光强比值为( )。

(A) 1:2   (B) 1:3   (C) 1:4   (D) 1:5

9. 某种透明媒质对于空气的临界角(指全反射)等于 45°,光从空气射向此媒质时的布儒斯特角是( )。

(A) 35.3°   (B) 40.9°   (C) 45°   (D) 54.7°

(E) 57.3°

10. 自然光以布儒斯特角由空气入射到一玻璃表面上,反射光是( )。

(A) 在入射面内振动的完全线偏振光

(B) 平行于入射面的振动占优势的部分偏振光

(C) 垂直于入射面振动的完全线偏振光

(D) 垂直于入射面的振动占优势的部分偏振光

二、填空题（共 30 分）

11.（本题 4 分）

在迈克耳孙干涉仪的反射镜 M 移动 Δd 的过程中,观察到干涉条纹移动了 N 条,则该光的波长为_____;若在其中的一条光路中垂直放入折射率为 n、厚度为 d 的透明介质膜,这条光线的光程改变了_____。

12.（本题 3 分）

如图 6-2-3 所示,双缝干涉实验装置中两个缝用厚度均为 e、折射率分别为 n_1 和 n_2 的透明介质膜覆盖($n_1 > n_2$)。波长为 λ 的平行单色光斜入射到双缝上,入射角为 θ,双缝间距为 d,在屏幕中央 O 处($\overline{S_1O} = \overline{S_2O}$),两束相干光的相位差 $\Delta\varphi =$_____。

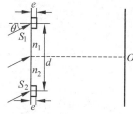

图 6-2-3

13.（本题 3 分）

在双缝干涉实验中,所用光波波长 $\lambda = 5.461 \times 10^{-4}$ mm,双缝与屏间的距离 $D = 300$ mm,双缝间距为 $d = 0.134$ mm,则中央明条纹两侧的两个第三级明条纹之间的距离为_____。

14.（本题 3 分）

光强均为 I_0 的两束相干光相遇而发生干涉时,在相遇区域内有可能出现的最大光强是_____。

15.（本题 3 分）

在单缝夫琅禾费衍射实验中,设第一级暗纹的衍射角很小,若钠黄光($\lambda_1 \approx 589$ nm)中央明纹宽度为 4.0 mm,则 $\lambda_2 = 442$ nm 的蓝紫色光的中央明纹宽度为_____。

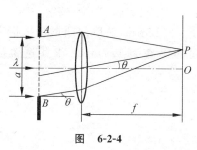

图 6-2-4

16.（本题 3 分）

如图 6-2-4 所示,波长为 $\lambda = 480.0$ nm 的平行光垂直照射到宽度为 $a = 0.40$ mm 的单缝上,单缝后透镜的焦距为 $f = 60$ cm,当单缝两边缘点 A、B 射向 P 点的两条光线在 P 点的相位差为 π 时,P 点离透镜焦点 O 的距离等于_____。

17.（本题 3 分）

用平行的白光垂直入射在平面透射光栅上时,波长为 $\lambda_1 = 440$ nm 的第 3 级光谱线将与波长为 $\lambda_2 =$_____ nm 的第 2 级光谱线重叠。

18.（本题 3 分）

惠更斯引入_____的概念提出了惠更斯原理,菲涅耳再用_____的思想补充了惠更斯原理,发展成了惠更斯-菲涅耳原理。

19.（本题 5 分）

一束光垂直入射在偏振片 P 上,以入射光线为轴转动 P,观察通过 P 的光强的变化过程。若入射光是_____光,则将看到光强不变;若入射光是_____光,则将看到明暗交替变化,有时出现全暗;若入射光是_____光,则将看到明暗交替变化,但不出现全暗。

三、计算题（共 40 分）

20.（本题 5 分）

在双缝干涉实验中，用波长 $\lambda = 546.1\text{nm}$ 的单色光照射，双缝与屏的距离 $D = 300\text{mm}$。现测得中央明条纹两侧的两个第五级明条纹的间距为 12.2mm，求双缝间的距离。

21.（本题 5 分）

两块平板玻璃，一端接触，另一端用纸片隔开，形成空气劈形膜，如图 6-2-5 所示。用波长为 λ 的单色光垂直照射，观察透射光的干涉条纹。

（1）设 A 点处空气薄膜厚度为 e，求发生干涉的两束透射光的光程差；

（2）在劈形膜顶点处，透射光的干涉条纹是明纹还是暗纹？

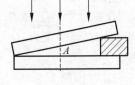

图　6-2-5

22.（本题 5 分）

用波长 $\lambda = 632.8\text{nm}$ 的平行光垂直照射单缝，缝宽 $a = 0.15\text{mm}$，缝后用凸透镜把衍射光会聚在焦平面上。测得第二级与第三级暗条纹之间的距离为 1.7mm。求此透镜的焦距。

23.（本题 5 分）

钠黄光中包含两个相近的波长 $\lambda_1 = 589.0\text{nm}$ 和 $\lambda_2 = 589.6\text{nm}$。用平行的钠黄光垂直入射在每毫米有 600 条缝的光栅上，会聚透镜的焦距 $f = 1.00\text{m}$。求在屏幕上形成的第 2 级光谱中上述两波长 λ_1 和 λ_2 的光谱之间的间隔 Δl。

24.（本题 10 分）

两块偏振片叠在一起，其偏振化方向成 30°。由强度相同的自然光和线偏振光混合而成的光束垂直入射在偏振片上。已知两种成分的入射光透射后强度相等。

（1）若不计偏振片对可透射分量的反射和吸收，求入射光中线偏振光的光矢量振动方向与第一个偏振片偏振化方向之间的夹角；

（2）仍如上一问，求透射光与入射光的强度之比；

（3）若每个偏振片对透射光的吸收率为 5%，再求透射光与入射光的强度之比。

25.（本题 10 分）

有一平面玻璃板放在水中，板面与水面夹角为 θ（见图 6-2-6）。设水和玻璃的折射率分别为 1.333 和 1.517。已知图中水面的反射光是完全偏振光，欲使玻璃板面的反射光也是完全偏振光，θ 角应是多大？

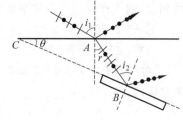

图 6-2-6

单元测试（三）

一、选择题（共 30 分，每小题 3 分）

1. 在双缝干涉实验中，设缝是水平的。若双缝所在的平板稍微向上平移，其他条件不变，则屏上的干涉条纹（　　）。

　　（A）向下平移，且间距不变　　　　　　（B）向上平移，且间距不变

　　（C）不移动，但间距改变　　　　　　　（D）向上平移，且间距改变

2. 在双缝干涉实验中，两条缝的宽度原来是相等的。若其中一缝的宽度略变窄（缝中心位置不变），则（　　）。

　　（A）干涉条纹的间距变宽

　　（B）干涉条纹的间距变窄

　　（C）干涉条纹的间距不变，但原极小处的强度不再为零

　　（D）不再发生干涉现象

3. 在双缝干涉实验中，两缝间距离为 d，双缝与屏幕之间的距离为 D（$D \gg d$）。波长为

λ 的平行单色光垂直照射到双缝上。屏幕上干涉条纹中相邻暗纹之间的距离是(　　)。

(A) $2\lambda D/d$ 　　　(B) $\lambda d/D$ 　　　(C) dD/λ 　　　(D) $\lambda D/d$

4. 在玻璃(折射率 $n_2 = 1.60$)表面镀一层 MgF_2(折射率 $n_2 = 1.38$)薄膜作为增透膜。为了使波长为 $500nm$ 的光从空气($n_1 = 1.00$)正入射时尽可能少反射,MgF_2 薄膜的最少厚度应是(　　)。

(A) $78.1nm$ 　　　(B) $90.6nm$ 　　　(C) $125nm$ 　　　(D) $181nm$

(E) $250nm$

5. 两块平玻璃构成空气劈形膜,左边为棱边,用单色平行光垂直入射。若上面的平玻璃以棱边为轴,沿逆时针方向作微小转动,则干涉条纹的(　　)。

(A) 间隔变小,并向棱边方向平移

(B) 间隔变大,并向远离棱边方向平移

(C) 间隔不变,向棱边方向平移

(D) 间隔变小,并向远离棱边方向平移

6. 用劈尖干涉法可检测工件表面缺陷。当波长为 λ 的单色平行光垂直入射时,若观察到的干涉条纹如图 6-3-1 所示,每一条纹弯曲部分的顶点恰好与其左边条纹的直线部分的连线相切,则工件表面与条纹弯曲处对应的部分(　　)。

(A) 凸起,且高度为 $\lambda/4$ 　　　　　(B) 凸起,且高度为 $\lambda/2$

(C) 凹陷,且深度为 $\lambda/2$ 　　　　　(D) 凹陷,且深度为 $\lambda/4$

7. 在双缝干涉实验中,用单色自然光入射,在屏上形成干涉条纹。若将同一个偏振片放在两缝后,则(　　)。

(A) 干涉条纹变窄,且明条纹亮度减弱

(B) 干涉条纹的间距不变,但明条纹亮度加强

(C) 干涉条纹的间距不变,但明条纹亮度减弱

(D) 无干涉条纹

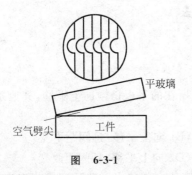

图　6-3-1

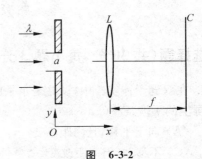

图　6-3-2

8. 在如图 6-3-2 所示的单缝夫琅禾费衍射装置中,将单缝宽度 a 稍稍变宽,同时使单缝沿 y 轴正方向作微小平移(透镜屏幕位置不动),则屏幕 C 上的中央衍射条纹将(　　)。

(A) 变窄,同时向上移 　　　　　(B) 变窄,同时向下移

(C) 变窄,不移动 　　　　　　　(D) 变宽,同时向上移

(E) 变宽,不移

9. 已知光栅常数 $(a+b) = 6.0 \times 10^{-4}cm$,透光缝 $a = 1.5 \times 10^{-4}cm$。以波长为 $600nm$

的单色光垂直照射在光栅上,其明条纹的特点是:(　　　)。

(A) 不缺级,最大级数是 10

(B) 缺 $2k$ 级,最大级数是 9

(C) 缺 $3k$ 级,最大级数是 10

(D) 缺 $4k$ 级,最大级数是 9

10. 在如图 6-3-3 所示的单缝的夫琅禾费衍射实验中,将单缝 K 沿垂直于光的入射方向(沿图中的 x 方向)稍微平移,则(　　　)。

(A) 衍射条纹移动,条纹宽度不变

(B) 衍射条纹移动,条纹宽度变动

(C) 衍射条纹中心不动,条纹变宽

(D) 衍射条纹不动,条纹宽度不变

(E) 衍射条纹中心不动,条纹变窄

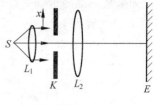

图 6-3-3

二、计算题(共 30 分)

11. (本题 4 分)

如图 6-3-4 所示,假设有两个同相的相干点光源 S_1 和 S_2,发出波长为 λ 的光。A 是它们连线的中垂线上的一点。若在 S_1 与 A 之间插入厚度为 e、折射率为 n 的薄玻璃片,则两光源发出的光在 A 点的相位差 $\Delta\varphi=$ _____。若已知 $\lambda=500\text{nm}$,$n=1.5$,A 点恰为第四级明纹中心,则 $e=$ _____ nm。

12. (本题 3 分)

用波长为 λ 的单色光垂直照射置于空气中的厚度为 e、折射率为 1.5 的透明薄膜,两束反射光的光程差 $\delta=$ _____。

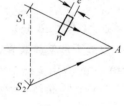

图 6-3-4

13. (本题 3 分)

在单缝夫琅禾费衍射实验中,如果缝宽等于单色入射光波长的 2 倍,则中央明条纹边缘对应的衍射角 $\varphi=$ _____。

14. (本题 3 分)

波长为 500nm 的单色光垂直入射到光栅常数为 $1.0\times10^{-4}\text{cm}$ 的衍射光栅上,第一级衍射主极大所对应的衍射角 $\theta=$ _____。

15. (本题 3 分)

一束自然光入射到单轴晶体内,将分成两束光,沿不同方向折射,这种现象称为 _____ 现象;在单轴晶体内,这两束光沿 _____ 方向传播时,它们的传播速率相等。

16. (本题 3 分)

一束自然光通过两个偏振片,若两偏振片的偏振化方向间夹角由 α_1 转到 α_2,则转动前后透射光强度之比为 _____。

17. (本题 3 分)

自然光在两种介质分界面处发生反射和折射时,若反射光为线偏振光,则折射光为 _____ 偏振光,且反射光线和折射光线之间的夹角为 _____。

18.（本题 3 分）

应用布儒斯特定律可以测介质的折射率。今测得此介质的起偏振角 $i_0 = 56°$，这种物质的折射率为＿＿＿＿＿＿＿。

19.（本题 5 分）

如果从一池静水（$n = 1.33$）的表面反射出来的太阳光是线偏振的，那么太阳的仰角（见图 6-3-5）大致等于＿＿＿＿。在这反射光中 E 矢量的方向应＿＿＿＿＿＿＿＿。

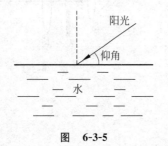

图 6-3-5

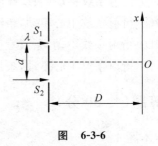

图 6-3-6

三、计算题（共 40 分）

20.（本题 10 分）

双缝干涉实验装置如图 6-3-6 所示，双缝与屏之间的距离 $D = 120$cm，两缝之间的距离 $d = 0.50$mm，用波长 $\lambda = 500$nm 的单色光垂直照射双缝。

（1）求原点 O（零级明条纹所在处）上方的第五级明条纹的坐标 x。

（2）如果用厚度 $l = 1.0 \times 10^{-2}$mm、折射率 $n = 1.58$ 的透明薄膜覆盖在图中的 S_1 缝后面，求上述第五级明条纹的坐标 x'。

21.（本题 10 分）

用波长为 500nm 的单色光垂直照射到由两块光学平玻璃构成的空气劈形膜上。在观察反射光的干涉现象中，距劈形膜棱边 $l = 1.56$cm 的 A 处是从棱边算起的第四条暗条纹中心。

（1）求此空气劈形膜的劈尖角 θ；

（2）改用 600nm 的单色光垂直照射到此劈尖上仍观察反射光的干涉条纹，A 处是明条纹还是暗条纹？

（3）在第（2）问的情形下从棱边到 A 处的范围内共有几条明纹？几条暗纹？

22．（本题 5 分）

如图 6-3-7 所示，设波长为 λ 的平面波沿与单缝平面法线成 θ 角的方向入射，单缝 AB 的宽度为 a，观察夫琅禾费衍射。试求出各极小值（即各暗条纹）的衍射角 φ。

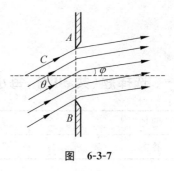

图 6-3-7

23．（本题 5 分）

用钠黄光正入射一块每毫米 500 条缝的光栅，观察衍射光谱。钠黄光包含两条谱线，其波长分别为 589.6nm 和 589.0nm。求在第二级光谱中这两条谱线互相分离的角度。

24．（本题 5 分）

强度为 I_0 的一束光，垂直入射到两个叠在一起的偏振片上，这两个偏振片的偏振化方向之间的夹角为 60°。若这束入射光是强度相等的线偏振光和自然光混合而成的，且线偏振光的光矢量振动方向与此二偏振片的偏振化方向皆成 30°角，求透过每个偏振片后的光束强度。

25．（本题 5 分）

图 6-3-8 中介质 I 为空气（$n_1 = 1.00$），II 为玻璃（$n_2 = 1.60$），两个交界面相互平行。一束自然光由介质 I 中以 i 角入射。若使 I、II 交界面上的反射光为线偏振光，问：

（1）入射角 i 是多大？

（2）图中玻璃上表面处折射角是多大？

（3）在图中玻璃板下表面处的反射光是否也是线偏振光？

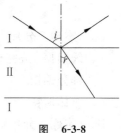

图 6-3-8

单元测试(一)答案

一、选择题(共 30 分,每小题 3 分)

题号	1	2	3	4	5	6	7	8	9	10
答案	B	D	C	D	C	B	C	B	B	C

二、填空题(共 30 分)

11. (本题 4 分)

上　　　　　　　　　　　　　　　　　　　　　　　　　2 分

$(n-1)e$　　　　　　　　　　　　　　　　　　　　　　2 分

12. (本题 3 分)

$(n_1-n_2)e$ 或 $(n_2-n_1)e$ 均可　　　　　　　　　　　3 分

13. (本题 3 分)

0.75　　　　　　　　　　　　　　　　　　　　　　　　3 分

14. (本题 3 分)

0.45mm　　　　　　　　　　　　　　　　　　　　　　3 分

15. (本题 3 分)

3　　　　　　　　　　　　　　　　　　　　　　　　　3 分

16. (本题 3 分)

632.6 或 633　　　　　　　　　　　　　　　　　　　　3 分

参考解:

$$d\sin\varphi = \lambda \qquad \qquad ①$$
$$l = f \cdot \tan\varphi \qquad \qquad ②$$

由式②得

$$\tan\varphi = l/f = 0.1667/0.5 = 0.3334$$
$$\sin\varphi = 0.3163$$
$$\lambda = d\sin\varphi = 2.00 \times 0.3163 \times 10^3 = 632.6(\text{nm})$$

17. (本题 3 分)

线偏振(或完全偏振,平面偏振)　　　　　　　　　　　1 分

部分偏振　　　　　　　　　　　　　　　　　　　　　　1 分

布儒斯特　　　　　　　　　　　　　　　　　　　　　　1 分

18. (本题 3 分)

完全偏振光(或线偏振光)　　　　　　　　　　　　　　1 分

垂直　　　　　　　　　　　　　　　　　　　　　　　　2 分

19.（本题 5 分）

见图 A6-1。

晶体内折射光线画正确给 3 分。

晶体外折射光线画正确给 2 分。

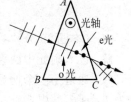

图 A6-1

三、计算题（共 40 分）

20.（本题 10 分）

解：（1）

$$\Delta x = 20D\lambda/a$$ 2 分

$$= 0.11(\text{m})$$ 2 分

（2）覆盖玻璃后，零级明纹应满足

$$(n-1)e + r_1 = r_2$$ 2 分

设不盖玻璃片时，此点为第 k 级明纹，则应有

$$r_2 - r_1 = k\lambda$$ 2 分

所以

$$(n-1)e = k\lambda$$

$$k = (n-1)e/\lambda = 6.96 \approx 7$$

即零级明纹移到原第 7 级明纹处。 2 分

21.（本题 5 分）

解：因为 $$n_1 < n_2 < n_3$$

二反射光之间没有附加相位差 π，光程差为

$$\delta = 2n_2 e$$

第五条暗纹中心对应的薄膜厚度为 e_5，有

$$2n_2 e_5 = (2k-1)\lambda/2, \quad k = 5$$

$$e_5 = (2 \times 5 - 1)\lambda/4n_2 = 9\lambda/4n_2$$ 3 分

明纹的条件是 $$2n_2 e_k = k\lambda$$

相邻二明纹所对应的膜厚度之差

$$\Delta e = e_{k+1} - e_k = \frac{\lambda}{2n_2}$$ 2 分

22.（本题 5 分）

解：

$$a\sin\varphi = \lambda$$ 2 分

$$x_1 = f\tan\varphi \approx f\sin\varphi = f\lambda/a = 0.825(\text{mm})$$ 2 分

$$\Delta x = 2x_1 = 1.65(\text{mm})$$ 1 分

23.（本题 5 分）

解：（1）由光栅衍射主极大公式得

$$(a+b)\sin30° = 3\lambda_1$$

$$a+b = \frac{3\lambda_1}{\sin30°} = 3.36 \times 10^{-4}(\text{cm})$$ 3 分

(2)
$$(a+b)\sin 30° = 4\lambda_2$$
$$\lambda_2 = (a+b)\sin 30°/4 = 420(\text{nm})$$ 2分

24.（本题 10 分）

解：设入射光中两种成分的光强度都是 I_0，总强度为 $2I_0$。

（1）通过第一个偏振片后，原自然光变为线偏振光，强度为 $I_0/2$，原线偏振光部分强度变为 $I_0\cos^2\theta$，其中 θ 为入射线偏振光振动方向与偏振片偏振化方向 P_1 的夹角。以上两部分透射光的振动方向都与 P_1 一致。如果二者相等，则以后不论再穿过几个偏振片，都维持强度相等（如果二者强度不相等，则以后出射强度也不相等）。因此，必须有

$$I_0/2 = I_0\cos^2\theta, \quad 得 \theta = 45°$$ 2分

为了满足线偏振部分振动方向在出射后"转过"90°，只要最后一个偏振片偏振化方向与入射线偏振方向夹角为 90°就行了。   2分

综上所述，只要两个偏振片就行了（只有一个偏振片不可能将振动方向"转过"90°）。

                                                                                  2分

配置如图 A6-2 所示，E 表示入射光中线偏振部分的振动方向，
P_1、P_2 分别是第一、第二偏振片的偏振化方向   2分

（2）出射强度

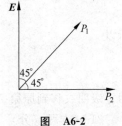

$$I_2 = (1/2)I_0\cos^2 45° + I_0\cos^4 45°$$
$$= I_0[(1/4) + (1/4)] = I_0/2$$

比值

$$I_2/(2I_0) = 1/4$$ 2分   图 A6-2

25.（本题 5 分）

解：设此不透明介质的折射率为 n，空气的折射率为 1。由布儒斯特定律可得

$$n = \tan 56° = 1.483$$ 2分

将此介质片放入水中后，由布儒斯特定律得

$$\tan i_0 = n/1.33 = 1.115$$
$$i_0 = 48.1°(=48°6')$$ 3分

此 i_0 即为所求之起偏角。

单元测试（二）答案

一、选择题（共 30 分，每小题 3 分）

题号	1	2	3	4	5	6	7	8	9	10
答案	B	D	B	D	B	B	B	A	D	C

二、填空题（共 30 分）

11.（本题 4 分）

$2\Delta d/N$ 2分

$2(n-1)d$ 2分

12.（本题 3 分）

$2\pi[d\sin\theta+(n_1-n_2)e]/\lambda$ 3分

13.（本题 3 分）

7.32mm   3分

14.（本题 3 分）

$4I_0$ 3分

15.（本题 3 分）

3.0mm   3分

16.（本题 3 分）

0.36mm   3分

17.（本题 3 分）

660   3分

参考解：

λ_1 的第三级谱线与 λ_2 的第二级谱线重叠，设相应的衍射角为 θ，光栅常数为 d，则据光栅方程有

$$d\sin\theta=3\lambda_1, \quad d\sin\theta=2\lambda_2$$

可得

$$\lambda_2 = \frac{3}{2}\lambda_1 = \frac{3}{2}\times 440 = 660(\text{nm})$$

18.（本题 3 分）

子波   1分

子波相干叠加   2分

19.（本题 5 分）

自然光或（和）圆偏振光   2分

线偏振光（完全偏振光）   2分

部分偏振光或椭圆偏振光   1分

三、计算题（共 40 分）

20.（本题 5 分）

解：由题给数据可得相邻明条纹之间的距离为

$$\Delta x = 12.2/(2\times 5) = 1.22(\text{mm})$$ 2分

由公式 $\Delta x=D\lambda/d$，得

$$d = D\lambda/\Delta x = 0.134(\text{mm})$$ 3分

21.（本题 5 分）

解：(1) $\delta=2e-0=2e$ 3分

(2) 顶点处 $e=0$，因此 $\delta=0$，干涉加强是明条纹。   2分

22.（本题 5 分）

解：第二级与第三级暗纹之间的距离

$$\Delta x = x_3 - x_2 \approx f\lambda/a \qquad \text{2 分}$$

因此

$$f \approx a\Delta x/\lambda = 400(\text{mm}) \qquad \text{3 分}$$

23. (本题 5 分)

解：光栅常数 $d = \dfrac{1}{600}(\text{mm}) = 1667(\text{nm})$ 　　1 分

据光栅公式，λ_1 的第 2 级谱线

$$d\sin\theta_1 = 2\lambda_1$$
$$\sin\theta_1 = 2\lambda_1/d = 2 \times 589/1667 = 0.706\ 66$$
$$\theta_1 = 44.96° \qquad \text{1 分}$$

λ_2 的第 2 级谱线

$$d\sin\theta_2 = \lambda_2$$
$$\sin\theta_2 = 2\lambda_2/d = 2 \times 589.6\ /1667 = 0.707\ 38$$
$$\theta_2 = 45.02° \qquad \text{1 分}$$

两谱线间隔如图 A6-3 所示，

$$\Delta l = f(\tan\theta_2 - \tan\theta_1)$$
$$= 1.00 \times 10^3(\tan 45.02° - \tan 44.96°)$$
$$= 2.04(\text{mm}) \qquad \text{2 分}$$

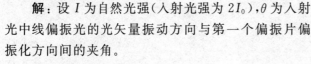

图　A6-3

24. (本题 10 分)

解：设 I 为自然光强(入射光强为 $2I_0$)，θ 为入射光中线偏振光的光矢量振动方向与第一个偏振片偏振化方向间的夹角。

(1) 据题意有

$$0.5I\cos^2 30° = I\cos^2\theta \cdot \cos^2 30° \qquad \text{3 分}$$
$$\cos^2\theta = 1/2$$
$$\theta = 45° \qquad \text{1 分}$$

(2) 总的透射光强为

$$2 \times \frac{1}{2}I\cos^2 30° \qquad \text{2 分}$$

所以透射光与入射光的强度之比为

$$\frac{1}{2}\cos^2 30° = 3/8 \qquad \text{1 分}$$

(3) 此时透射光强为

$$(I\cos^2 30°)(1 - 5\%)^2 \qquad \text{2 分}$$

所以透射光与入射光的强度之比为

$$\frac{1}{2}(\cos^2 30°)(1 - 5\%)^2 = 0.338 \qquad \text{1 分}$$

25. (本题 10 分)

解：由题可知 i_1 和 i_2 应为相应的布儒斯特角，由布儒斯特定律知

$$\tan i_1 = n_1 = 1.33 \qquad \text{1 分}$$

$$\tan i_2 = n_2/n_1 = 1.57/1.333 \qquad\qquad 2 \text{ 分}$$

由此得

$$i_1 = 53.12° \qquad\qquad 1 \text{ 分}$$
$$i_2 = 48.69° \qquad\qquad 1 \text{ 分}$$

由 $\triangle ABC$ 可得

$$\theta + (\pi/2 + r) + (\pi/2 - i_2) = \pi \qquad\qquad 2 \text{ 分}$$

整理得

$$\theta = i_2 - r$$

由布儒斯特定律可知

$$r = \pi/2 - i_1 \qquad\qquad 2 \text{ 分}$$

将 r 代入上式得

$$\theta = i_1 + i_2 - \pi/2 = 53.12° + 48.69° - 90° = 11.8° \qquad\qquad 1 \text{ 分}$$

单元测试（三）答案

一、选择题（共 30 分，每小题 3 分）

题号	1	2	3	4	5	6	7	8	9	10
答案	B	C	D	B	A	C	C	C	D	D

二、填空题（共 30 分）

11. （本题 4 分）

$2\pi (n-1) e/\lambda$ 　　　　　　　　2 分

4×10^3 　　　　　　　　2 分

12. （本题 3 分）

$3e + \dfrac{\lambda}{2}$ 　或　 $3e - \dfrac{\lambda}{2}$ 　　　　　　　　3 分

13. （本题 3 分）

$\pm 30°$（答 $30°$ 也可以） 　　　　　　　　3 分

14. （本题 3 分）

$30°$ 　　　　　　　　3 分

15. （本题 3 分）

双折射 　　　　　　　　1 分

光轴 　　　　　　　　2 分

16. （本题 3 分）

$\cos^2\alpha_1 / \cos^2\alpha_2$ 　　　　　　　　3 分

17. （本题 3 分）

部分 　　　　　　　　2 分

$\pi/2$（或 90°）   1 分

18.（本题 3 分）

    1.48   3 分

19.（本题 5 分）

    37°   3 分

    垂直于入射面   2 分

三、计算题（共 40 分）

20.（本题 10 分）

解：(1) 由

$$\mathrm{d}x/D \approx k\lambda$$

可得

$$x \approx Dk\lambda/d = 1200 \times 5 \times 500 \times 10^{-6}/0.50 = 6.0(\mathrm{mm})$$ 4 分

(2) 如图 A6-4 所示，从几何关系，近似有

$$r_2 - r_1 \approx dx'/D$$

有透明薄膜时，两相干光线的光程差

$$\delta = r_2 - (r_1 - l + nl)$$
$$= r_2 - r_1 - (n-1)l$$
$$= dx'/D - (n-1)l$$

对零级明条纹上方的第 k 级明纹有

$$\delta = k\lambda$$

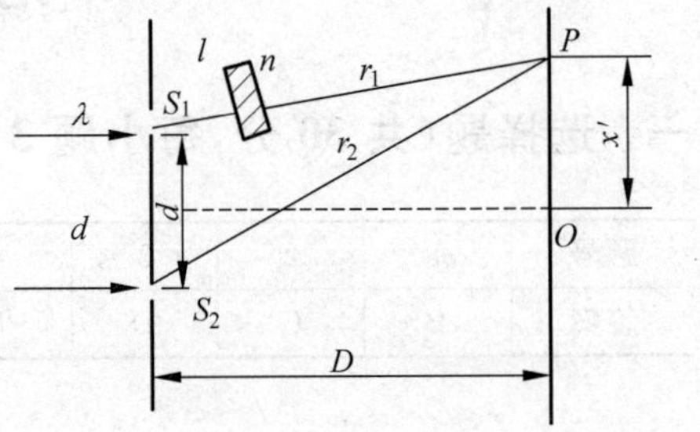

零级上方的第五级明条纹坐标

$$x' = D[(n-1)l + k\lambda]/d$$ 3 分
$$= 1200[(1.58-1) \times 0.01 \pm 5 \times 5 \times 10^{-4}]/0.50$$
$$= 19.9(\mathrm{mm})$$ 3 分

图 A6-4

21.（本题 10 分）

解：(1) 棱边处是第一条暗纹中心，在膜厚度为 $e_2 = \frac{1}{2}\lambda$ 处是第二条暗纹中心，依此可

知第四条暗纹中心处，即 A 处膜厚度

$$e_4 = \frac{3}{2}\lambda$$

因此

$$\theta = e_4/l = 3\lambda/(2l) = 4.8 \times 10^{-5}(\mathrm{rad})$$ 5 分

(2) 由上问可知 A 处膜厚为

$$e_4 = 3 \times 500/2 = 750(\mathrm{nm})$$

对于 $\lambda' = 600\mathrm{nm}$ 的光，连同附加光程差，在 A 处两反射光的光程差为 $2e_4 + \frac{1}{2}\lambda'$，它与

波长 λ' 之比为 $2e_4/\lambda' + \frac{1}{2} = 3.0$。所以 A 处是明纹。   3 分

（3）棱边处仍是暗纹，A 处是第三条明纹，所以共有三条明纹、三条暗纹。　　2分

22.（本题 5 分）

解：1、2 两光线的光程差，在如图 A6-5 情况下为

$$\delta = \overline{CA} - \overline{BD} = a\sin\theta - a\sin\varphi \qquad 2分$$

由单缝衍射极小值条件

$$a(\sin\theta - \sin\varphi) = \pm k\lambda, \quad k = 1,2,\cdots \qquad 2分$$

（未排除 $k = 0$ 的扣 1 分）

得

$$\varphi = \arcsin(\pm k\lambda/a + \sin\theta), \quad k = 1,2,\cdots(k \neq 0) \quad 1分$$

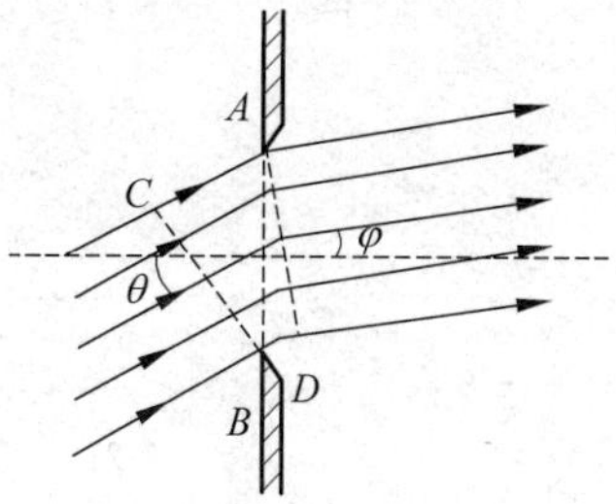

图　A6-5

23.（本题 5 分）

解：由光栅公式

$$d\sin\theta = k\lambda$$

已知 $d = 1/500 = 2 \times 10^{-3}$（mm），$\lambda_1 = 589.6$nm，$\lambda_2 = 589.0$nm，$k = 2$，可得

$$\sin\theta_1 = k\lambda_1/d = 0.5896, \quad \theta_1 = 36.129° \qquad 2分$$

$$\sin\theta_2 = k\lambda_2/d = 0.5890, \quad \theta_2 = 36.086° \qquad 2分$$

$$\delta\theta = \theta_1 - \theta_2 = 0.043° \qquad 1分$$

24.（本题 5 分）

解：透过第一个偏振片后的光强为

$$I_1 = \frac{1}{2}\left(\frac{1}{2}I_0\right) + \left(\frac{1}{2}I_0\right)\cos^2 30° \qquad 2分$$

$$= 5I_0/8 \qquad 1分$$

透过第二个偏振片后的光强

$$I_2 = (5I_0/8)\cos^2 60° \qquad 1分$$

$$= 5I_0/32 \qquad 1分$$

25.（本题 5 分）

解：（1）由布儒斯特定律，得

$$\tan i = n_2/n_1 = 1.60/1.00$$

$$i = 58.0° \qquad 2分$$

（2）$r = 90° - i = 32.0°$　　1分

（3）因二界面平行，所以下表面处入射角等于 r，有

$$\tan r = \cot i = n_1/n_2$$

满足布儒斯特定律，所以图中玻璃板下表面处的反射光也是线偏振光。　　2分

近 代 物 理

常 用 公 式

1. 相对论

伽利略坐标变换式 $x'=x-ut$，$y'=y$，$z'=z$，$t'=t$

伽利略速度变换式 $v'_x=v_x-u$，$v'_y=v_y$，$v'_z=v_z$

时间延缓 $\Delta t=\dfrac{\Delta t'}{\sqrt{1-\dfrac{u^2}{c^2}}}$（$\Delta t'$ 为固有时间），长度缩短 $l=l'\sqrt{1-\dfrac{u^2}{c^2}}$（$l'$ 为固有长度）

洛伦兹坐标变换式 $x'=\dfrac{x-ut}{\sqrt{1-\dfrac{u^2}{c^2}}}$，$y'=y$，$z'=z$，$t'=\dfrac{t-\dfrac{u}{c^2}x}{\sqrt{1-\dfrac{u^2}{c^2}}}$

洛伦兹速度变换式 $v'_x=\dfrac{v_x-u}{1-\dfrac{uv_x}{c^2}}$，$v'_y=\dfrac{v_y}{1-\dfrac{uv_x}{c^2}}\sqrt{1-\dfrac{u^2}{c^2}}$，$v'_z=\dfrac{v_z}{1-\dfrac{uv_x}{c^2}}\sqrt{1-\dfrac{u^2}{c^2}}$

相对论质量速度关系式 $m=\dfrac{m_0}{\sqrt{1-\dfrac{v^2}{c^2}}}$，$m_0$ 为静止质量，v 为质点的速率。

相对论动量 $P=mv=\dfrac{m_0 v}{\sqrt{1-\dfrac{v^2}{c^2}}}$，相对论能量 $E=mc^2=m_0 c^2\Big/\sqrt{1-\dfrac{v^2}{c^2}}$

相对论动能 $E_k=E-E_0=mc^2-m_0 c^2$，相对论动量能量关系式 $E^2=p^2c^2+m_0^2c^4$

2. 量子物理基础

黑体辐射：

斯特藩-玻耳兹曼定律 $M(T)=\displaystyle\int_0^\infty M_\lambda(T)\mathrm{d}\lambda=\sigma T^4$，$\sigma=5.670\times10^{-8}\,\mathrm{W/(m^2\cdot K^4)}$

维恩位移定律 $\lambda_\mathrm{m}T=b$，$b=2.898\times10^{-3}\,\mathrm{m\cdot K}$

光电效应：

能量 $E=h\nu$，　质量 $m=h\nu/c^2$，　动量 $p=\dfrac{E}{c}=\dfrac{h}{\lambda}$

光电效应方程 $\dfrac{1}{2}mv_\mathrm{max}^2=h\nu-A$，　红限频率 $\nu_0=A/h$

康普顿散射：

散射公式 $\Delta\lambda = \lambda - \lambda_0 = \dfrac{h}{m_0 c}(1 - \cos\varphi)$

康普顿波长 $\lambda_C = \dfrac{h}{m_0 c} = 2.4263 \times 10^{-3}$ (nm)

单元测试(一)

一、选择题(共 30 分,每小题 3 分)

1. 由狭义相对论的相对性原理可知:( )。
   (A) 在所有参照系中,力学定律的表达形式都相同
   (B) 在所有参照系中,力学定律的表达形式都不相同
   (C) 在所有惯性系中,力学定律的表达形式都相同
   (D) 在所有惯性系中,力学定律的表达形式都不相同

2. 质子在加速器中被加速,当其动能为静止能量的 4 倍时,其质量为静止质量的( )。
   (A) 5 倍　　　(B) 6 倍　　　(C) 4 倍　　　(D) 8 倍

3. 在某地先后发生两事件,静止于该地的甲测得其时间间隔为 τ_0。若乙以速度 u 相对于甲作匀速直线运动,则乙测得两事件的时间间隔 τ 为( )。
   (A) $\tau_0\sqrt{c^2 - u^2}$　　(B) $\tau_0\sqrt{1 - u^2/c^2}$　　(C) $\dfrac{\tau_0}{\sqrt{c^2 - u^2}}$　　(D) $\dfrac{\tau_0}{\sqrt{1 - u^2/c^2}}$

4. 若 λ 为光的波长,ν 为光的频率,c 为真空中光速,h 为普朗克常量,根据爱因斯坦的光量子学说,光子的质量和动量分别为( )。
   (A) $\dfrac{h\nu}{c^2}$,$\dfrac{h}{\lambda}$　　(B) $\dfrac{h\nu}{c}$,$\dfrac{h}{\lambda}$　　(C) $\dfrac{h\nu}{c^2}$,$h\nu$　　(D) $\dfrac{h\nu}{c}$,$h\nu$

5. 用光子能量 $h\nu = 5.68\text{eV}$ 的光照射金属钙,从金属中发射出来的光电子最大动能为 2.48eV,金属钙的逸出功为( )。
   (A) 2.48eV　　(B) 3.20eV　　(C) 4.63eV　　(D) 5.43eV

6. 两个相同的物体 A、B,温度相同,若 A 的温度低于环境温度,而 B 的温度高于环境温度,则 A、B 在单位时间内辐射的能量应满足( )。
   (A) $P_A > P_B$　　(B) $P_A < P_B$　　(C) $P_A = P_B$　　(D) 不能确定

7. 光电效应和康普顿效应都包含有电子与光子的相互作用过程。对此,在以下几种理解中,正确的是( )。
   (A) 两种效应中电子与光子两者组成的系统都服从动量守恒定律和能量守恒定律
   (B) 两种效应都相当于电子与光子的弹性碰撞过程
   (C) 两种效应都属于电子吸收光子的过程
   (D) 光电效应是吸收光子的过程,而康普顿效应则相当于光子和电子的弹性碰撞过程
   (E) 康普顿效应是吸收光子的过程,而光电效应则相当于光子和电子的弹性碰撞过程

8. 氢原子基态能量为 $E_1 = -13.6\text{eV}$。用能量为 12.9eV 的电子束轰击一群处于基态的氢原子,氢原子能够被激发到的最高能级为( )。
   (A) $n=1$ 能级　　(B) $n=2$ 能级　　(C) $n=3$ 能级　　(D) $n=4$ 能级

9. 不确定关系式 $\Delta x \cdot \Delta p_x \geqslant h$ 表示在 x 方向上（　　　）。

（A）粒子位置不能准确确定

（B）粒子动量不能准确确定

（C）粒子位置和动量都不能准确确定

（D）粒子位置和动量不能同时准确确定

10. 在原子的 K 壳层中，电子可能具有的四个量子数 (n, l, m_l, m_s) 是

（1）$\left(1, 1, 0, \dfrac{1}{2}\right)$　　（2）$\left(1, 0, 0, \dfrac{1}{2}\right)$　　（3）$\left(2, 1, 0, -\dfrac{1}{2}\right)$　　（4）$\left(1, 0, 0, -\dfrac{1}{2}\right)$

以上四种取值中，哪些是正确的？（　　　）

（A）只有（1）、（3）是正确的　　　　　　　　（B）只有（2）、（4）是正确的

（C）只有（2）、（3）、（4）是正确的　　　　　　（D）全部是正确的

二、填空题（共 **30** 分）

11.（本题 3 分）

真空中的光速为 c，粒子的静止质量为 m_0，则其相对论质量 m 与速度 v 的关系式为 $m = \underline{\qquad}$。

12.（本题 4 分）

观察者甲以 $\dfrac{4}{5}c$ 的速度（c 为真空中光速）相对于静止的观察者乙运动，若甲携带一长度为 l、截面积为 S、质量为 m 的棒，这根棒安放在运动方向上，则：

(1) 甲测得此棒的密度为 $\underline{\qquad}$；(2) 乙测得此棒的密度为 $\underline{\qquad}$。

13.（本题 3 分）

在光电效应实验中，保持入射光的光强不变，而增大入射光的频率，则遏止电压 $\underline{\qquad}$（填变大、变小或不变）。

14.（本题 3 分）

根据氢原子理论，若大量氢原子处于主量子数 $n = 5$ 的激发态，则跃迁辐射的谱线可以有 $\underline{\qquad}$ 条，其中属于巴耳末系的谱线有 $\underline{\qquad}$ 条。

15.（本题 3 分）

电子的自旋磁量子数 m_s 只能取 $\underline{\qquad}$ 和 $\underline{\qquad}$ 两个值。

16.（本题 3 分）

多电子原子中，电子的排列遵循 $\underline{\qquad}$ 和 $\underline{\qquad}$。

17.（本题 3 分）

德布罗意波是 $\underline{\qquad}$；$\underline{\qquad}$ 不表示某实在物理量在时空中的波动，其振幅没有实在的物理意义。

18.（本题 5 分）

一维无限深势阱中的粒子处于基态时的定态波函数为 $\psi_1(x) = \sqrt{2/a}\sin(\pi x/a)$，则在 x 处找到粒子的概率密度为 $\underline{\qquad}$；在 $x = 0$ 到 $x = a/3$ 之间找到粒子的概率为 $\underline{\qquad}$。

19.（本题 3 分）

硅晶体的禁带宽度为 $1.2\,\mathrm{eV}$。适量掺入磷后，施主能级和硅的导带底的能级差为

0.045eV,此掺杂半导体能吸收的光子的最大波长是_____。

（普朗克常量 $h=6.63\times10^{-34}$J·s,1eV$=1.60\times10^{-19}$J,真空中光速为 3×10^8m/s）

三、计算题（共 40 分）

20. （本题 10 分）

如图 7-1-1 所示,某金属 M 的红限波长 $\lambda_0=260$nm。今用单色紫外线照射该金属,发现有光电子放出,其中速度最大的光电子可以匀速直线地穿过互相垂直的均匀电场（场强 $E=5\times10^3$V/m）和均匀磁场（磁感应强度为 $B=0.005$T）区域,求：

（1）光电子的最大速度 v；（2）单色紫外线的波长 λ。

（电子静止质量 $m_e=9.11\times10^{-31}$kg,普朗克常量 $h=6.63\times10^{-34}$J·s）

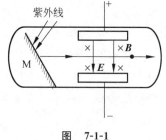

图 7-1-1

21. （本题 5 分）

假设太阳表面温度为 5800K,太阳半径为 6.96×10^8m,如果认为太阳的辐射是稳定的,求太阳在 1 年内由于辐射,它的质量减少了多少。

22. （本题 5 分）

单色 X 射线被电子散射而改变波长。问：（1）波长的改变量与原波长有没有关系？（2）光子能量的改变值与光子原来能量有没有关系？

23. （本题 5 分）

设电子在原子中运动的速度为 10^6m/s,原子的线度约为 10^{-10}m,求原子中电子速度的不确定量。

24.（本题 7 分）

一劲度系数 $k = 15\text{N/m}$ 的弹簧，一端悬挂上质量为 1kg 的小球，其振幅为 0.01m，求：（1）按普朗克能量量子化假设，与弹簧相联系的量子数 n 为多大；（2）如量子数 n 改变一个单位，求能量的改变值与总能量的比值。

25.（本题 8 分）

已知二质点 A、B 静止质量均为 m_0。若质点 A 静止，质点 B 以 $6m_0c^2$ 的动能向 A 运动，碰撞后合成一粒子。设无能量释放，求合成粒子的静止质量。

单元测试（二）

一、选择题（共 30 分，每小题 3 分）

1. 狭义相对论的光速不变原理指出（   ）。
   - （A）在所有参考系中，光速相同
   - （B）在所有惯性系中，真空光速都有相同的值 c
   - （C）在所有介质中，光速相同
   - （D）在所有介质中，光速都有相同的值 c

2. 宇宙飞船相对于地面以速度 V 作匀速直线飞行，某时刻飞船头部的宇航员向飞船尾部发出一光信号，经过 Δt（飞船上的钟）时间后，被尾部的接收器收到，则由此可知飞船的固有长度为（   ）。

   （A）$c\Delta t$ （B）$V\Delta t$ （C）$\dfrac{c\Delta t}{\sqrt{1 - V^2/c^2}}$ （D）$c\Delta t\sqrt{1 - V^2/c^2}$

3. 在惯性系 S 中，有两个静止质量都是 m_0 的粒子 A 和 B，分别以速度 v 沿同一直线相向运动，碰后合在一起成为一个粒子，则合成粒子静质量 M_0 的值为（c 表示真空中光速）（   ）。

   （A）$2m_0$ （B）$2m_0\sqrt{1 - (v/c)^2}$

   （C）$\dfrac{m_0}{2}\sqrt{1 - (v/c)^2}$ （D）$\dfrac{2m_0}{\sqrt{1 - (v/c)^2}}$

4. 频率为 ν 的光，其光子的质量为（   ）。

   （A）$\dfrac{h\nu}{c}$ （B）$\dfrac{hc}{\nu}$ （C）$\dfrac{hc^2}{\nu}$ （D）$\dfrac{h\nu}{c^2}$

5. 在电子衍射实验中,电子在晶体表面被散射,这个实验（　　）。

    （A）证实了电子具有波动性   （B）帮助决定了原子的尺度

    （C）决定了普朗克常数   （D）确定了光电效应的真实性

6. 图 7-2-1 中直线表示某金属光电效应实验中光电子初动能与入射光频率的关系,则图中表示该金属的逸出功的线段是（　　）。

    （A）OA （B）OC

    （C）AC （D）OD

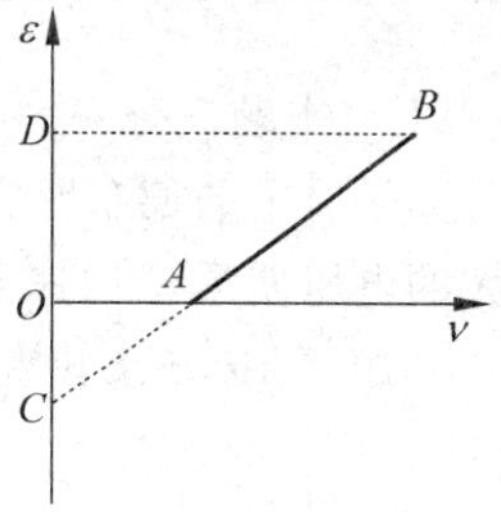

7. 普朗克量子假说是为了解释（　　）。

    （A）光电效应实验规律而提出的

    （B）X 射线散射实验规律而提出的

    （C）黑体辐射的实验规律而提出的

    （D）原子光谱的规律而提出的

图 7-2-1

8. 若用里德伯恒量 R 表示氢原子光谱的巴耳末系中的最短波长,则可写成（　　）。

    （A）$\lambda_{min}=\dfrac{1}{R}$ （B）$\lambda_{min}=\dfrac{2}{R}$ （C）$\lambda_{min}=\dfrac{4}{R}$ （D）$\lambda_{min}=\dfrac{4}{3R}$

9. 氢原子基态能量为 $E_1=-13.6\text{eV}$。用能量为 12.5eV 的电子束轰击一群处于基态的氢原子后,氢原子能够发出（　　）。

    （A）1 条谱线   （B）3 条谱线   （C）6 条谱线   （D）10 条谱线

10. 波长 $\lambda=500\text{nm}$ 的光沿 x 轴正向传播,若光的波长的不确定量 $\Delta\lambda=10^{-4}\text{nm}$,则利用不确定关系式 $\Delta p_x\Delta x\geqslant h$ 可得光子的 x 坐标的不确定量至少为（　　）。

    （A）25cm   （B）50cm   （C）250cm   （D）500cm

二、填空题（共 30 分,每小题 3 分）

11. 已知惯性系 S' 相对于惯性系 S 以 $0.5c$ 的速度沿 x 轴的负方向运动,若从 S' 系的坐标原点 O' 沿 x 轴正方向发出一光波,则 S 系中测得此光波在真空中的波速为＿＿＿＿。

12. 一米尺相对于观察者以 $0.6c$ 的速度运动,则观察者看来米尺的长度为＿＿＿＿,其密度 $\rho=$＿＿＿＿。（米尺静止质量为 m_0,截面积为 S）

13. 某基本粒子的总能量是静止能量的 1.5 倍,则该粒子的速率是＿＿＿＿。

14. 质量为 m_0 的电子由静止经电场加速,加速电势差为 U,速度 $v\ll c$。其德布罗意波长 λ 为＿＿＿＿。

15. 在电子单缝衍射实验中,若缝宽为 $a=0.1\text{nm}$,电子束垂直射在单缝面上,则衍射的电子横向动量的最小不确定量 $\Delta p_y=$＿＿＿＿ N・s。

（不确定关系式 $\Delta x\cdot\Delta p\geqslant h$,普朗克常量 $h=6.63\times10^{-34}\text{J・s}$）

16. 玻耳氢原子理论的三条假设分别是：＿＿＿＿;＿＿＿＿;＿＿＿＿。

17. 根据量子力学理论,氢原子中电子的角动量在外磁场方向上的投影为 $L_z=m_l\hbar$,当副量子数 $l=3$ 时,L_z 的可能取值为＿＿＿＿。

18. 设描述微观粒子运动的波函数为 $\Psi(r,t)$,则 $\Psi\Psi^*$ 表示：＿＿＿＿;$\Psi(r,t)$ 必须满足的条件是＿＿＿＿;其归一化条件是＿＿＿＿。

19. 与绝缘体相比较纯净半导体能带的禁带是较＿＿＿＿的,在常温下有少量＿＿＿＿

由满带激发到导带中,从而形成由_____参与导电的本征导电性。

20. 根据原子的量子理论,原子可以通过_____两种辐射方式发光,而激光是由_____方式发光的。

三、计算题(共 40 分)

21. (本题 5 分)

如果质子的德布罗意波长为 $\lambda = 1 \times 10^{-13}$ m,试问:(1)质子的速度是多少?(2)应通过多大的电压使质子加速到以上数值?(普朗克常量 $h = 6.63 \times 10^{-34}$ J·s,质子的质量 $m = 1.67 \times 10^{-27}$ kg,不考虑相对论效应)

22. (本题 5 分)

天文学上常用斯特藩-玻耳兹曼定律确定恒星半径。已知某恒星到达地球时单位面积上的辐射功率为 1.2×10^{-8} W/m²,恒星离地球距离为 4.3×10^{17} m,表面温度为 5200K。如恒星辐射与黑体相似,求恒星的半径。

23. (本题 5 分)

波长为 2500A、强度为 2W/m² 的紫外光照射钾,钾的逸出功为 2.21eV,求:(1)所发射的电子的最大动能;(2)每秒从钾表面单位面积所发射的最大电子数。

24. (本题 5 分)

(1)温度为室温(20℃)的黑体,其单色辐出度的峰值所对应的波长是多少?(2)辐出度是多少?

25. （本题 10 分）

已知电子的静质量，求：（1）电子的静能；（2）从静止开始加速到 $0.60c$ 的速度需做的功；（3）动量为 $0.60\text{MeV}/c$ 时的能量。

26. （本题 10 分）

设质量为 m 的微观粒子处在宽度为 a 的一维无限深势阱中，试求：（1）粒子在 $0 \leqslant x \leqslant a/4$ 区间中出现的几率，并对 $n=1$ 和 $n=\infty$ 的情况算出概率值；（2）在哪些量子态上，$a/4$ 处的概率密度最大？

单元测试（一）答案

一、选择题（共 30 分，每小题 3 分）

题号	1	2	3	4	5	6	7	8	9	10
答案	C	A	D	A	B	B	A	D	D	B

二、填空题（共 30 分）

11. （本题 3 分）

$$\frac{m_0}{\sqrt{1-v^2/c^2}}$$

3 分

12. （本题 4 分）

$$\frac{m}{lS}$$

2 分

$$\frac{25m}{9lS}$$

2 分

13. （本题 3 分）

变大

3 分

14. （本题 3 分）

10

1.5 分

3	1.5 分

15. (本题 3 分)

1/2	1.5 分
−1/2	1.5 分

16. (本题 3 分)

泡利不相容原理	1.5 分
能量最小原理	1.5 分

17. (本题 3 分)

概率波	1.5 分
波函数	1.5 分

18. (本题 5 分)

$$\frac{2}{a}\sin^2\left(\pi\cdot\frac{x}{a}\right) \qquad\qquad 2\ 分$$

$$\frac{1}{3}-\frac{\sqrt{3}}{4\pi}=0.195 \qquad\qquad 3\ 分$$

19. (本题 3 分)

$$27.6\ \mu m \qquad\qquad 3\ 分$$

三、计算题(共 40 分)

20. (本题 10 分)

解：(1)由 $ev_{\max}B=eE$ 可得

$$v_{\max}=\frac{E}{B}=\frac{5\times10^3}{0.005}=1\times10^6(\text{m/s}) \qquad 3\ 分$$

(2)已知红线频率 $\nu_0=\dfrac{c}{\lambda_0}$ 和 $\nu_0=\dfrac{A}{h}$,可得逸出功

$$A=\frac{c}{\lambda_0}h=\frac{3\times10^8}{260\times10^{-9}}\times6.63\times10^{-34}=7.65\times10^{-20}(\text{J}) \qquad 3\ 分$$

代入光电效应方程 $\dfrac{1}{2}m_e v_{\max}^2=h\nu-A$ 中,得到

$$\nu=\frac{\frac{1}{2}m_e v_{\max}^2+A}{h}=\frac{\frac{1}{2}\times9.11\times10^{-31}\times(1\times10^6)^2+7.65\times10^{-20}}{6.63\times10^{-34}}$$

$$=8.02\times10^{14}(\text{Hz}) \qquad 3\ 分$$

所以

$$\lambda=\frac{c}{\nu}=3.74\times10^{-7}(\text{m})=374(\text{nm}) \qquad 1\ 分$$

21. (本题 5 分)

解：设太阳表面积保持为 S,则一年内的辐射能量为

$$E=E_0St=\sigma T^4\pi D^2 t$$

$$=5.67\times10^{-8}\times5800^4\times3.14\times(13.9\times10^{-8})^2\times365\times24\times3600$$

$$=1.23\times10^{34}(\text{J}) \qquad 3\ 分$$

$$\Delta m = \frac{E}{c^2} = \frac{1.23 \times 10^{34}}{(3 \times 10^8)^2} = 1.37 \times 10^{17} (\text{kg})$$

2分

22.（本题 5 分）

解：（1）因为

$$\Delta\lambda = \frac{2h}{m_0 c}\sin^2\frac{\theta}{2}$$

所以波长的改变量与原波长无关,这是康普顿散射的一个重要特点。

2分

（2）光子能量改变量（光子损失的能量）

$$\Delta(h\nu) = h(\nu - \nu_0) = h(c/\lambda - c/\lambda_0) = -hc\,\frac{\Delta\lambda}{\lambda\lambda_0} = -hc\,\frac{\Delta\lambda}{\lambda_0(\lambda_0 + \Delta\lambda)}$$

$$= -\frac{hc\,\dfrac{h}{m_0 c}(1 - \cos\theta)}{\lambda_0^2 + \lambda_0\,\dfrac{h}{m_0 c}(1 - \cos\theta)}$$

由 $\nu_0 = \dfrac{c}{\lambda_0}$ 有

$$\Delta(h\nu) = -\frac{(h\nu_0)^2(1 - \cos\theta)}{m_0 c^2 + h\nu_0(1 - \cos\theta)}$$

入射光子能量($h\nu_0$)越高,散射损失的能量越高;$\Delta(h\nu)$也是电子获得的反冲动能。 3分

23.（本题 5 分）

解：原子中的电子位置的不确定量

$$\Delta x \approx 10^{-10}\,\text{m}$$

1分

不确定性关系

$$\Delta v_x = \frac{\Delta p_x}{m} \geqslant \frac{h}{m\Delta x} = \frac{6.63 \times 10^{-34}}{9.1 \times 10^{-31} \times 10^{-10}} = 7.3 \times 10^6 (\text{m/s})$$

4分

24.（本题 7 分）

解：(1)已知弹簧、小球系统具有能量

$$E = \frac{1}{2}kA^2 = \frac{1}{2} \times 15 \times 0.01^2 = 7.5 \times 10^{-4}(\text{J})$$

2分

由普朗克假设 $E = nh\nu$ 和 $\nu = \dfrac{1}{2\pi}\sqrt{\dfrac{k}{m}} = 0.617(\text{Hz})$ 可得

$$n = E/h\nu = 1.8 \times 10^{30}$$

2分

(2)当 n 变化一个单位时,$\Delta E = h\nu$,则

$$\frac{\Delta E}{E} = \frac{1}{n} = 5.6 \times 10^{-29}$$

3分

因此实验仪器无法分辨,看到的将是一片连续区域——不显量子效应。

25.（本题 8 分）

解：二粒子的能量分别为

$$\begin{cases} E_A = m_0 c^2 \\ E_B = E_{0B} + E_{kB} = m_0 c^2 + 6m_0 c^2 = 7m_0 c^2 \end{cases} \tag{1}$$

2分

由能量守恒定律可知合成后粒子的能量

$$E = E_A + E_B = 8m_0 c^2$$

根据相对论质能关系 $E = Mc^2$ 可得

$$M = 8m_0$$

由质量速度关系求得粒子的静止质量

$$M_0 = M\sqrt{1 - (u/c)^2} = 8m_0\sqrt{1 - (u/c)^2}$$

由动量守恒定律可知

$$P = P_A + P_B = Mu \qquad\qquad (2) \qquad 1\ 分$$

由相对论能量与动量关系可知

$$E_B^2 = P_B^2 c^2 + m_0^2 c^4 \qquad\qquad (3) \qquad 1\ 分$$

由题已知

$$P_A = 0 \qquad\qquad (4) \qquad 1\ 分$$

联立式(1)~(4)得

$$u^2 = \frac{P_B^2}{M^2} = \frac{48m_0^2 c^2}{64m_0^2} = \frac{3}{4}c^2$$

$$M_0 = 8m_0\sqrt{1 - (u/c)^2} = 4m_0 \qquad\qquad 3\ 分$$

单元测试（二）答案

一、选择题（共 30 分，每小题 3 分）

题号	1	2	3	4	5	6	7	8	9	10
答案	B	A	D	D	D	B	C	C	B	C

二、填空题（共 30 分，每小题 3 分）

11．（本题 3 分）

c 3 分

12．（本题 3 分）

$\dfrac{4}{5}$m   1.5 分

$\dfrac{25m_0}{16S}$ 1.5 分

13．（本题 3 分）

$\dfrac{\sqrt{5}}{3}c$ 3 分

14．（本题 3 分）

$\dfrac{h}{\sqrt{2em_0 U}}$ 3 分

15．（本题 3 分）

6.63×10^{-24} 3 分

16. （本题 3 分）

　　定态假设 　　　　　　　　　　　　　　　　　　　　　　1 分

　　跃迁假设 　　　　　　　　　　　　　　　　　　　　　　1 分

　　轨道角动量量子化假设 　　　　　　　　　　　　　　　　1 分

17. （本题 3 分）

　　$0, \pm \hbar, \pm 2\hbar, \pm 3\hbar$ 　　　　　　　　　　　　　　　　3 分

18. （本题 3 分）

　　t 时刻粒子在 $r(x, y, z)$ 处出现的概率密度 　　　　　　　1 分

　　单值、连续、有限 　　　　　　　　　　　　　　　　　　1 分

　　$\int_{-\infty}^{\infty} |\psi(r, t)|^2 \, \mathrm{d}x\mathrm{d}y\mathrm{d}z = 1$ 　　　　　　　　　　　　1 分

19. （本题 3 分）

　　窄 　　　　　　　　　　　　　　　　　　　　　　　　　1 分

　　电子 　　　　　　　　　　　　　　　　　　　　　　　　1 分

　　电子-空穴 　　　　　　　　　　　　　　　　　　　　　1 分

20. （本题 3 分）

　　自发辐射和受激辐射 　　　　　　　　　　　　　　　　　1.5 分

　　受激辐射 　　　　　　　　　　　　　　　　　　　　　　1.5 分

三、计算题（共 40 分）

21. （本题 5 分）

解：(1) 由 $\lambda = \dfrac{h}{mv}$ 可得

$$v = \frac{h}{m\lambda} = 3.97 \times 10^6 \,(\mathrm{m/s}) \qquad\qquad 2 \text{分}$$

(2) 由 $qU = \dfrac{1}{2}mv^2$ 可得

$$U = \frac{mv^2}{2q} = 8.18 \times 10^4 \,(\mathrm{V}) \qquad\qquad 3 \text{分}$$

22. （本题 5 分）

解：设恒星半径为 R，表面温度为 T，距地球表面 R'，如图 A7-1 所示。

因为 $M = \sigma T^4$，所以恒星辐射的总功率 　　　　　1 分

$$W = 4\pi R^2 M = 4\pi R^2 \cdot \sigma T^4 \qquad\qquad 1 \text{分}$$

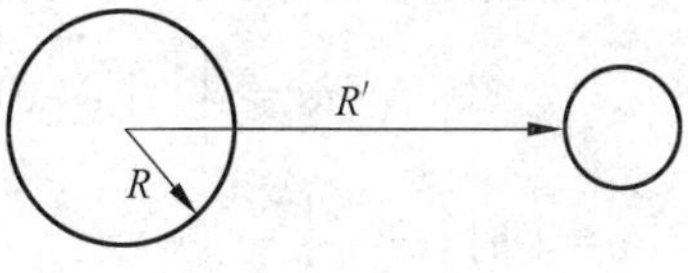

不考虑吸收有

$$4\pi R^2 \cdot \sigma T^4 = 4\pi R'^2 M'$$

图 A7-1

因此

$$R = \left(\frac{R'^2 M'}{\sigma T^4}\right)^{\frac{1}{2}} = \left(\frac{(4.3 \times 10^{17})^2 \times 1.2 \times 10^{-8}}{5.67 \times 10^{-8} \times 5200^4}\right)^{\frac{1}{2}} = 7.26 \times 10^9 \,(\mathrm{m}) \qquad 3 \text{分}$$

23. （本题 5 分）

解：应用光电效应方程得

$$\frac{1}{2}mv^2 = h\frac{c}{\lambda} - A = \frac{6.63 \times 10^{-34} \times 3 \times 10^8}{2.5 \times 10^{-7} \times 1.6 \times 10^{-19}} - 2.21$$

$$= 4.97 - 2.21 = 2.76(\text{eV}) \qquad \qquad 2\,\text{分}$$

每个光子的能量

$$h\frac{c}{\lambda} = 4.97\text{eV} = 4.97 \times 1.6 \times 10^{-19} = 7.95 \times 10^{-19}(\text{J}) \qquad 1\,\text{分}$$

因每个光子最多只能释放一个电子,故每秒从钾表面单位面积所发射的最大电子数

$$N = \frac{2}{7.95 \times 10^{-19}} = 2.52 \times 10^{18}(\text{s}^{-1} \cdot \text{m}^{-2}) \qquad 2\,\text{分}$$

24.(本题5分)

解:(1)由维恩位移定律可得

$$\lambda_m = \frac{b}{T} = \frac{2.898 \times 10^{-3}}{293} = 9.89 \times 10^{-6}(\text{m}) = 9890(\text{nm}) \qquad 2\,\text{分}$$

(2)由斯特藩-玻耳兹曼定律可得

$$M(T) = \sigma T^4 = 5.67 \times 10^{-8} \times (293)^4 = 4.17 \times 10^2(\text{W/m}^2) \qquad 3\,\text{分}$$

25.(本题10分)

解:(1)电子的静能为

$$E_0 = m_0 c^2 = 5.12 \times 10^5(\text{eV}) \qquad 2\,\text{分}$$

(2)加速到 $0.60c$ 时电子的能量为

$$E = mc^2 = \frac{m_0 c^2}{\sqrt{1-\beta^2}} = \frac{8.199 \times 10^{-14}}{\sqrt{1-0.60^2}} = 1.025 \times 10^{-13}(\text{J}) \qquad 2\,\text{分}$$

需要做的功为

$$W = E - E_0 = 1.025 \times 10^{-13} - 8.199 \times 10^{-14} = 2.05 \times 10^{-14}(\text{J}) \qquad 2\,\text{分}$$

(3)当 $P = 0.60\text{MeV}/c$ 时,其能量为 E,则有

$$E^2 = P^2 c^2 + E_0^2 = \frac{(0.60\text{MeV})^2}{c^2} \times c^2 + (0.512\text{MeV})^2 = 0.622(\text{MeV})^2 \qquad 4\,\text{分}$$

$$E = 0.789\text{MeV}$$

26.(本题10分)

解:(1)已知

$$\psi(x) = \sqrt{\frac{2}{a}}\sin\frac{n\pi}{a}x \qquad 2\,\text{分}$$

粒子出现在 $0 \leqslant x \leqslant a/4$ 区间中的几率为

$$w = \int_0^{\frac{a}{4}} |\psi(x)|^2 \mathrm{d}x = \frac{2}{a}\int_0^{\frac{a}{4}} \sin^2\frac{n\pi}{a}x \,\mathrm{d}x = \frac{1}{4} - \frac{1}{2\pi n}\sin\frac{n\pi}{2} \qquad 2\,\text{分}$$

$n=1$ 时,$w = \frac{1}{4} - \frac{1}{2\pi}$ \qquad\qquad 1\,分

$n=\infty$ 时,$w = 1/4$ \qquad\qquad 1\,分

(2)由于

$$|\psi(x)|^2 = \frac{2}{a}\sin^2\frac{n\pi}{a}x$$

在 $a/4$ 处，

$$|\psi(x)|^2 = \frac{2}{a}\sin^2\frac{n\pi}{a}\cdot\frac{a}{4} = \frac{2}{a}\sin^2\frac{n\pi}{4} \qquad \text{2分}$$

最大时有

$$\sin^2\frac{n\pi}{4} = 1$$

则得

$$\frac{n\pi}{4} = k\pi + \frac{\pi}{2}, \quad k = 0,1,2,\cdots$$

$$n = 4k + 2 \qquad \text{2分}$$